智听版

九型人格

识 | 人 | 金 | 钥 | 匙

田灿 编著

中国出版集团
中国民主法制出版社
全国百佳图书出版单位

图书在版编目 (CIP) 数据

九型人格：识人金钥匙：智听版 / 田灿编著 . — 北京：中国民主法制出版社，2019.11

ISBN 978-7-5162-2101-3

Ⅰ . ①九… Ⅱ . ①田… Ⅲ . ①人格心理学 – 通俗读物 Ⅳ . ① B848-49

中国版本图书馆 CIP 数据核字 (2019) 第 229296 号

图书出品人 / 刘海涛
出 版 统 筹 / 周锡培
责 任 编 辑 / 梁　惠　鲁铁凡

书名 / 九型人格 · 识人金钥匙（智听版）
作者 / 田　灿　编著

出版 · 发行 / 中国民主法制出版社
地址 / 北京市丰台区右安门外玉林里 7 号（100069）
电话 / 010-63292534　63057714（发行部）　63055259（总编室）
传真 / 010-63292534
Http: // www.npcpub.com
E-mail: mzfz@263.net
经销 / 新华书店
开本 / 32 开　880 毫米 ×1230 毫米
印张 / 6
字数 / 126 千字
版本 / 2019 年 11 月第 1 版　　2020年 5月第 2 次印刷
印刷 / 山东汇文印务有限公司

书号 / ISBN 978-7-5162-2101-3
定价 / 32.00 元

前 言

在日常生活中，我们每天都会遇到形形色色的人，这些人有的天性爱热闹，有的却喜欢安静；有的行事风风火火，有的却懈怠懒散；有的力争上游，有的却甘愿屈居人后……同样的人，为什么彼此之间会有这么大的区别呢？要解除这些困惑，我们可以从九型人格入手去寻找答案。那么，什么是九型人格呢？

九型人格论来自中亚古老而神秘的“苏菲教”教义，按照这种教义的说法，人类性格具备九种各自不同的形态，它们彼此会产生联系，并发生互动。对于九型人格的研究，可以帮助我们通过人们表面的喜怒哀乐，进入人心最隐秘之处，发现他人最真实、最根本的需求和渴望，对人们在自我认知、社会交往，甚至感情生活方面有诸多助益。自1993年美国斯坦福大学举办第一届国际九型人格大会以后，九型人格开始广为世人所知。

九型人格论通过分析人们的行为特点，将所有的人划分为九种类型，即完美主义者、给予者、实践者、浪漫主义者、观察者、质问者、享乐主义者、支配者和媒介者。这九种人格类型按照九角形排列，彼此相近、相似，并可以在不同情境下相互转化。不同类型的人在不同状况下会产生不同的行为。

九型人格论糅合了大量其他心理学派的知识，并将这些严密而复杂的分析理论融合进来，抽离简化，使之醒目而简洁，在最大程度上将人们的日常行为与理论结合，最终总结出直白而深刻的结论，是人们了解自身并用来知晓别人的有利武器。

通过九型人格分析，我们可以更好地了解自己和身边的人，从而处理好人际关系、挖掘自己的潜能、合理利用人才，并找到最适合的工作岗位，甚至找对最般配的爱人。

九型人格论不仅是一种精妙的性格分析工具，还能为个人修养与自我提升历练提供深入的洞察力。与当今其他性格分类法不同，九型性格论揭示了人们内在最深层的价值观和注意力焦点，它不受外在行为变化影响，可以让我们真正地知己知彼，帮助我们明白自己的个性，从而完全接纳自己的短处，发扬自己的长处，活出精彩的人生。

本书以浅显易懂的语言，描述了九型人格论这种准确、科学、实用、系统的识人、读人之术，详细分析了九型人格论的基本原理，深入研究了九型人格论运用的心理基础，详细解析了各类型人格的性格特征、领导风格、职场表现、情感密码、人际关系和性格缺陷等。

通过阅读此书，你将在有效交流、“透视”上司、管理员工、打造高效团队、投资理财、经营感情和婚姻、教育子女等方面如鱼得水，最终实现在事业、爱情、交际上的最大成功。

需要提醒的是，切勿拘泥于单一性格的解读，九型人格论的完美之处，是它在揭示各大性格表现特征的同时，也展现了各大性格之间内在的联系。如果单一地注重某类性格，往往让你无法突破自身局限。而人的性格表现层次多样，它可能混杂多种性格类型，并在特定环境中会发生变化。当然最为关键的是，掌握其他性格表现特征的知识，也是你了解他人、认识世界的最佳途径之一。

目 录

第一章　九型人格：揭晓人生的密码

九型人格论，又名性格形态学、九种性格论，是世界上一种古老的性格识别体系。九型人格论认为，尽管人们行为上的表现千差万别，但是隐藏在行为背后的出发点却是有限的，它们按照一定的规律，可以划分为九种类型，每一个人都属于其中一个型号。这种型号是天生的，而且永远都不会改变。

九型人格论到底是啥

什么是九型人格

九型人格论是一门古老的学说，也是一门讲求实践效益的学科，它属于人格心理学的范畴，是应用心理学中的一种。九型人格论准确地浓缩并结合了在所有信仰中发现的不同人格的归类原则，所以也叫作性格形态学、九种性格论。九型人格论的方法简单精确，诸多现今著名心理学派专家在进行证实的时候，发现它与现代的人格论述竟不谋而合，所以受到很多欧美国家的广泛欢迎，被视为是一个能够有效分辨并揭开人格类型谜底的心理学系统。

1977年，美国的两位医生亚历山大·托马斯和史黛拉·翟斯出版的一本名为《气质与发展》的书里面曾提到，在出生两个月至三个月的婴儿身上，能够辨认出九种不同的气质，分别是活跃程度、规律性、主动性、适应性、感兴趣的范围、反应的强度、心理的素质、分心程度、专注力范围。九型人格论的开创者、美国医学博士戴维·丹尼尔斯发现这九种不同的气质和九型人格刚好相配。

九型人格论不仅是一种十分精妙的性格分析工具，而且还能够为个人修养以及自我提升或者历练提供深入的洞察力。九型人格论把人格清晰、简洁地分为九种类型，每种类型的人都有其鲜明的人格特征。九型人格论中所描述的九种人格类型，在本质上并没有好坏之分，它只不过明确地对不同类型的人回应世界的方式总结出了九种能够被辨识的特性。九型人格与其他的性格分类法有所不同，它所揭示的是人们内在最深层的价值观以及注意力焦点，并且不会被表面的外在行为的变化影响，它能够让人们真正地做到知己知彼。

九型人格心理学指出，每个人对世界的所有事物都会有不同的直接感受和着眼点，而这些特性都是与生俱来的，是一种不经过任何思考的即时反应。所以这些不同类型的人在对待同一事件的时候，就会接收到不同的信息，从而对事件衍生出九种不同的理解方式。这些理解方式其实也就是每个人的中心思想，也可以称为“世界观”。九型人格真正所讲述的，就是九种不同类型的人所代表的九种不同的“世界”。

九型人格论有什么作用

九型人格论不仅可以让人们明白自己的个性，从而能够在生活、工作中尽量避免自己的缺点，将自己美好的一面展示给别人；还可以让人们明白自己身边的人分别属于哪种类型，从而懂得如何与不同类型的人相处才会更融洽，有利于和他人建立更真挚、和谐的合作伙伴关系。九型人格的应用范围非常广泛。近年来，九型人格也受到美国斯坦福等多所国际著名大学中MBA学员的推崇，是当今最热门的学科之一。特别是近年来它的作用还被扩展至夫妻相处、子女教育以及亲子关系等方面。

九型人格论就像是一张详尽描绘人类性格特征的活地图，是人们了解自身、认识和看清他人的一把透视镜，更是与人有效沟通、交流的利器！九型人格能够识别他人性格的特点，对企业管理及人际沟通和关系处理方面颇有益处，在企事业单位人员招聘、组织构建、团队沟通的过程中，非常适合作为评价员工性格的工具。

过去的十几年中，九型人格已经在欧美学术界以及工商界普遍流传开来。如今，九型人格已经被广泛地推广至全世界的制造业、服务业、金融业等多个领域，而且它在促进团队协作、提升销售业绩、增强有效沟通等方面都有着不小的成效。

此外，九型人格论还被通用汽车、惠普、可口可乐、美国中央情报局等誉满全球的500强企业以及军事情报部门广泛应用，并被视为培训员工、建立团队、提高执行力的秘诀！

九型人格论到底有啥用

九型人格论的起源

一直以来，从来没有人能够准确地描述出九型人格论的起源和历史，人们只知道它是一种神秘的远古智慧。千百年来，九型人格论都是以口述的方式，被人们作为成长过程中的指导原则流传至今。九型人格论具体的历史以及来龙去脉已经无从稽考，除非人们能将九型人格的图形和广为全世界注意的九型人格理论区分清楚。但是大部分的研究者都认为它的起源至少要追溯至公元前2500年或者更早。

相传在遥远的古代，九型人格论的应用地域就已经非常广泛了。早在公元3—4世纪时期，基督教神秘主义中沙漠之父的传统，就是利用九型人格论来倡导趋善避恶的观念。另外，在1400年前苏菲教派的伦理训练中，该教的灵性老师就已经建立了以九型人格为立论基础的修行学说。而它最奇特的吸引人之处，则是每一个前去请求灵性教师解决困扰的人对老师的解答都非常满意，而且即便是同一个问题，不同的人得到的解答也是不相同的。

直到1920年，美国神秘主义和灵性的教师古尔捷耶夫，才第一个将九型人格论传到西方，并以此来阐释人格的九种特质。但是，他却并不是真正将其发扬光大的人。

九型人格论的发展

真正使九型人格论广为流传的其实是奥斯卡·伊察索，他自称1950年到阿富汗旅行的时候，从苏菲教派那里习得这种学说，而后在智利的艾瑞卡市开办了艾瑞卡学院。由于奥斯卡·伊察索是艾瑞卡学院的创办人，所以他将人类的九种情欲（原罪）融进九型人格学说之中，并将其作为该院心理学的训练教材。很多知名的心理学家、精神病学家都曾追随伊察索学习九型人格学。1970年，美国的艾瑞卡学院也在智利艾瑞卡学院之后成立。在智利学习过九型人格学的精神病学家克劳狄亚纳朗荷，不仅将这门知识传入美国加州，还开设了一系列用来探索人的性格形态的工作坊。此后，美国各地才逐渐开始流行围绕九型人格论展开的一系列工作。

1993年，斯坦福大学商学院首次开办了“人格、自我认知与领导”的课程，想借此发掘、推广九型人格论在经商领域的潜能。由此证明，九型人格论在创造财富和成功学方面也有不小的威力。

九型人格论从发展到现在，已经是世人皆知的一门学说，并被广泛应用于个人成长、企业管理以及处理人际关系等多个和人们的工作生活相关的方面。关于此类的书籍更是如雨后春笋般层出不穷。

九型人格的基本构架和揭秘

“九型人格”的英文，来自两个希腊词汇ennea和grammos，ennea是数字9的意思，grammos则是尖角的意思，两个词结合在一起组合的enneagram就是9个尖角的意思，我们可以称它为“九柱图”、“九星图”或“九点图”，也可以称为“九型人格”。“九型人格”的图表正好是一颗九角星（见下图），这个九角星的模式，能够揭示物质世界中任何事物的发展过程。

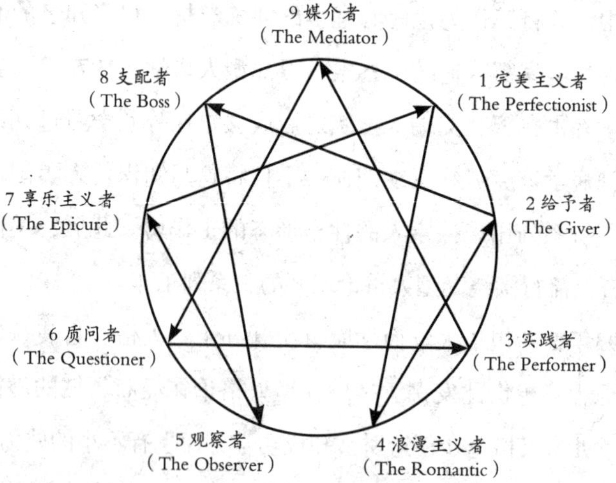

九型人格示意图

如图所示，九柱图拆分下，可以分解为圆、三角形和六边形。

圆代表性格的整合，也就是说无论做哪行，只要找到自已的使命，就可以把自己擅长的东西淋漓尽致地发挥出来，使自己的生命获得圆满。事实也是这样，如果找到了自己所擅长的，做起事来就会游刃有余。就好像口袋里的银行卡，如果卡上只有几千元，怎么都觉得钱不够用；如果卡里面有上亿元，就再也不会捉襟见肘了。

三角形代表天时、地利、人和。于每个人而言，有些东西是天生的，比如长相、性别、出生日期等，一般无法改变、无法创造；有些东西是后天的，比如配偶、工作、方式生活等，这些都是自己可以选择的。

六边形代表人的性格变化无穷。单纯看九型人格论的书是无法应用于实际生活中的，因为九型人格论是一种经验，而不是理论。九型人格的复杂性，不仅表现在各种类型的不同，还表现为各种类型在顺境和逆境中的反应也不完全相同。九型人格论将人按照不同的气质类型分成了完美主义者、给予者、实践者、浪漫主义者、观察者、质问者、享乐主义者、支配者和媒介者九种人格基本类型，每个人都必然属于其中一型，且稳定不会更改。

第一型：完美主义者

第一型的人爱批判自己，也爱批判别人，他们内心拥有一张列满应该与不应该的清单。他们认真尽责，希望所做的每件事都绝对正确。他们很难为了自己而轻松玩乐，因为他们以超高标准来审查自己的行为，而且总是觉得做得还不够。他们有可能因为害怕无法臻于完美而耽搁了事情。第一型的人有种道德优越感，厌恶那些不守规矩的人，特别是当这些人越矩得逞时。他们是优秀的组织人才，能够紧追错误和必须完成的事项，把任务完成。

第二型：给予者

第二型的人在时间、精力和事物三方面都表现出主动、乐于助人、普遍乐观以及慷慨大方。由于他们不容易承认自己的需要，也难以向人寻求帮助，所以总是无意识地通过人际关系来满足自己的需要，而且在自己最为人所需的时候感到最快乐。

他们对别人的需要和感觉非常敏锐，能够表现出吸引别人的那部分人格。他们喜欢付出胜于接受，有时候会操控别人，为得到而付出，他们是天生的照顾者和支持者。为了使别人成功、美满，第二型的人能运用他们天生的同情心，给出对方真正需要的事物。

第三型：实践者

第三型的人是精力超强的工作狂，他们奋力追求成功，以获得地位和赞赏。他们具有竞争性，尽管他们自认为这是一种正常的挑战，而非击败他人的欲望。无论他们处在何种竞争场合，总是把目标锁定在成功之上，他们会是成功的父母、配偶、商人、玩伴、官员、治疗师，能够顺应身边的人而变换形象。

尽管他们和自己真实的感觉毫无接触，因为这些都会妨碍成就，可是一旦受到要求，他们却可以表现出适宜的感觉。第三型的人会全心全意追求一个目标，而且永不厌倦。他们会成为杰出的团队领袖，并使他人相信“天下没有不可能的事”。

第四型：浪漫主义者

第四型的人具有艺术气质、多情，他们寻求理想伴侣或一生的志向，活在失落了生命中某项重要事物的感觉中。他们觉得必须找到真实的伙伴关系，自己才完整，他们倾向于找出疏离理想化的现行事物和世俗的错误。他们被高深的情绪性经验吸引，表现出与众不同的一面。无论在何种领域，他们都反映出对重要性和意义的追求。虽然很容易陷入自己的情绪，他们却能表现出最高度的同情心，去支持处在情绪痛苦中的人。

第五型：观察者

第五型的人带着审慎的目光来经营生命，避免牵扯任何情绪，他们重观察更胜于参与。他们是需要高度隐私的人，如果得不到属于自己的充分时间，会感到枯竭、焦虑，他们希望感受到日常生活中难以感觉到的安定情绪。心智生活对他们而言相当重要，他们有对知识和资讯的热爱，通常是某个专业领域的研究者。第五型的人把生活规划成许多板块，虽然他们不喜欢循规蹈矩，却希望事先知道在工作与休闲时他们被期望的是什么。他们会是杰出的决策者和具有创意的知识分子。

第六型：质问者

第六型的人把世界看成是危险的，虽然他们可能觉察不到自己处在恐惧中。他们对威胁的来源明察秋毫，为了自我保护，他们会预想最糟的结果。他们这种怀疑的心态会产生对做事的拖延及对他人动机的猜疑。他们不喜欢权威，也可说是害怕权威，在权威中难以自处。某些第六型的人有退缩并保护自己免于威胁的倾向，某些则先发制人，迎向前去克服它，表现出极大的攻击性。一旦愿意选择信任，第六型的人会是忠诚可靠的朋友和团队伙伴。

第七型：享乐主义者

第七型的人乐观、精力充沛、迷人，而且难以捉摸。他们具有小飞侠彼得·潘的特质，痛恨被束缚或控制，尽可能保留许多愉快的选择。在不愉快的情况下，他们会从心理上逃脱到愉快的幻想中。

第七型的人是未来导向者，将每件想要完成的事情纳入计划，而且当新的选择出现时，他们还会适时更新内容。那份想保持生命愉悦的需要，导引他们重新架构现实世界，以排除有损自我形象的负面情绪和潜在打击。他们享受新的经验、新的人群和新的点子，是富有创意的IT行业从业者、理论家。

第八型：支配者

第八型的人独断，有时具攻击性，对生命抱持“一不做二不休”的态度。他们通常是领导或极端孤立者，朋友和人们在他们的照料下受到特别的保护。他们知道自己在想什么，关心正义和公平，并且乐意为此而战。第八型的人格外追求享乐，从和朋友喝酒作乐到理性的讨论都有。他们能觉察权力所在之处，让自己不受到他人的控制，而且具有支配力。第八型的人会忠诚地运用自己的力量，并毫无倦意地支持有价值的事情。

第九型：媒介者

第九型的人是和平使者。他们善于了解每个人的观点，却不知道自己所想、所要的是什么。他们喜欢和谐而舒适的生活，宁愿配合他人的安排，也不要制造冲突。然而，如果被人施压，他们会变得很顽固，有时甚至会动怒。

他们通常非常主动，兴趣很多，但是却将自己的优先事项拖到最后一分钟才做。他们还有自我麻醉的倾向，常让自己去做些休闲的活动，如看书、和朋友闲逛、看网络电视等。第九型的人是很好的仲裁者及磋商对象，而且能专心执行一项团体计划。

三个中心的功能与联系

人类有三种体验世界的主要方式：思考、感觉和感官经验。九型人格论的模型，和每个神秘主义的传统一样，都认定这三项能传达感觉、知性经验的身体中心，它们就位于身体的脑、心、腹三个地方。产生精神智慧的是思维的中心，即大脑；产生情感智慧的是感觉的中心，即心脏；产生本能智慧的是身体的中心，即腹部。

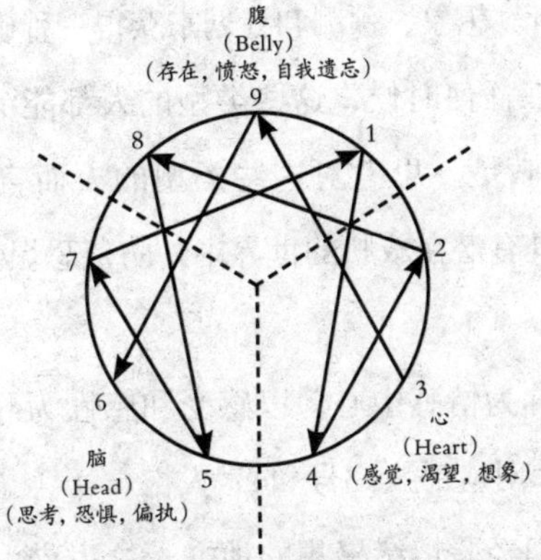

三个中心示意图

每一个人都会运用到这三个中心，但是每个性格类型的人会偏好其中一种，作为他们感觉并响应事件的主要通道。虽然你可能和与你相同中心的人更容易沟通，但和有其他中心人的亲密关系，则有助于你的个性达到平衡，且更完善。

脑中心

脑中心或者称为思考中心，以思考和理性为导向，是产生精神智慧的地方，对应5号、6号和7号人格。

脑部中心是我们思考的所在，举凡分析、记忆、投射有关他人和事件的观念，以及计划未来的活动等都划分在这个区域。这个区域对应位置是“第二眼”，也就是西藏密宗冥想所运用的观想中心。

如果你是5号、6号、7号等以头脑为主的人格类型，你具有以思想来回应生活的倾向，你在看待世界时往往会受到心理能力的影响。这些人格类型的人往往有鲜明的想象力，以及分析和联结观念的绝佳能力，他们懂得运用心理能力来尽可能地减少焦虑，控制潜在的麻烦，以及通过分析、想象、预测和计划来获得一种确定的感觉。

也就是说，在任何时候，这些类型的人都能沉浸在自己的思考中而获得最大的满足。思考对这些类型的人而言（通常是无意识的）是处在这个具有潜在威胁的世界中，防范恐惧于未然的方式。

心中心

心中心或者称为情感中心，以感受和感性为导向，是产生情感智慧的感觉中心，对应2号、3号和4号人格。

心中心是我们经验情绪聚集的地方，这里借由那些无言的感官经验，告诉我们有什么感觉，而非我们对事情的想法。心的情绪范围从最强烈、戏剧化到最细微、几近无声的感觉都有。

我们从这个中心感觉到和他人的联系，以及一种追求爱和充实的渴望。如果你是2号、3号、4号等以心为主的人格类型，在看待世界时往往会受到情商的影响，喜欢透过表象感受外界的变化，有时候被称为“形象类型”，因为你在乎别人的眼光，以及它和自己的关联。

具体来说，这些人格类型的人会使自己的情绪、感受与别人保持一致，从而维持自己与别人之间相互联系的感觉。不论别人有没有意识到，他们都能快速感受别人的需要或心情，并加以回应：一种成功的关系能驱逐这个中心特有的空虚感和渴望。

因此可以说，这些人格类型的人比其他人格类型的人更加依赖别人的承认和看法，因为他们需要用它们来支撑自己的自尊和被爱的感觉，使自己得到持续不断的承认和关注。

腹中心

或者称为腰中心，以行动为导向，是产生本能智慧的地方，也是身体的中心，对应8号、9号和1号人格。与思考、感觉两个中心对照起来，这个中心是我们本能的焦点，也就是一种存在感。透过这个中心，我们获得从肉体经验到和人群、环境的关系，这是我们在物质世界中行动所需的能量和力量来源。这个中心的所在位置，即中国和日本所称的丹田，也就是禅修的焦点。

如果你是8号、9号、1号等以腹部为中心的人格类型，你会常常把焦点放在存在本身，处理问题多半与自我遗忘和愤怒有关，你的本能就是行动。在看待世界时往往会受到身体感觉和内在本能的影响。

这些人格类型的人即使他们已经思考过整个细节，还是会基于根本的感觉，去谈论正在打基础的决定和行动。他们可能觉察不到对自己而言真正的优先事项为何。他们通过行动在这世上补充能量，并缓和愤怒。

对1号和9号的人而言，愤怒只有在少数时候才被直接表达出来。也就是说，这些人格类型的人会运用自己的地位和力量去过自己想过的生活，他们的出世策略可以保证他们在这个世界中的位置，而且还可以将不适应感降到最低。

然而，生活中的许多人常常忽略了我们的本能智慧，也就是对腹部中心的活动基本上是毫无察觉的，但我们可以从三个基本方面感受它的影响，这三个方面就是：身体生存（自我保护）、情爱关系和社会生活关系。

九型人格大师海伦·帕尔默曾以一个故事来描绘这三种基本属性的关系。一个放牛娃坐在一个三脚凳上挤牛奶，牛奶代表了收获的知识和生活的营养。三脚凳的一条腿坏了，于是放牛娃在挤牛奶的时候，他关注的并不是牛奶，而是凳子的那条坏腿。这个故事意在告诉人们：我们每个人都拥有三种最基本的关系领域，其中一种关系比其他两种更容易受到伤害。当我们的某种关系受到损伤时，我们就会在精神上格外关注这个方面，以缓解由此引起的焦虑。

最后，需要注意的是，每个人都有大脑、心脏和腹部，因此人人都能拥有与之相应的三种智慧，并会在实际生活中自觉或不自觉地应用到以上三个中心，但每个人格类型的人会偏好其中一种，作为他感觉并回应事件的主要渠道。因此，不要狭隘地看待九型人格的三种智能中心，而使自己陷入又一个类型的牢笼之中。

不可忽视的附属性格部分

九型人格除了基本的人格类型描述、三个中心外，还包括侧翼、箭头、副型号、激情等部分。这些部分也侧面影响着我们的性格，因此，认真了解这些附属部分的内涵，对于我们认识各类性格的形成及变化，有很大的作用。

侧翼

每个性格类型都有侧翼，但不是每个人都有侧翼。每个性格类型都有两个侧翼，也就是圆周上位于它两边的类型，一个人的性格类型会受到其所属类型相邻的那两种类型的影响。

简单地理解，侧翼就相当于是性格类型的混血儿。比如说，当3号类型的人偏向2号类型的时候，他的焦点更多地在对方身上。而当他偏向4号类型的时候，他会更加注重感受和感性。每个人所属的准确的侧翼，只有他自己最清楚。侧翼的影响力会因人而异。他有可能拥有他性格类型旁的某一个类型，也有可能经过某个时期而转向另外一边，甚至两边都不是，只是典型的某个型号而已。

箭头

箭头就是图形中每一条直线上的箭头，它代表着我们性格类型的压力及安定或愉悦心情提升的状态。圆形内的直线代表着我们在这些环境中所体验到的心理与情绪上的转变。在这些连线中，箭头的方向是整合，是顺境中的表现，如9号在顺境中会有3号的一些好的特征；箭头的反方向是分解，是逆境中的表现，如9号在逆境中会有6号的一些不好的特征。

我们不会变成那个状态的性格类型，只是我们在当下那一刻，会表现出那个性格类型的特征而已，但仍保有我们自己性格类型的顾虑和问题。无论你是何种性格类型，感觉和言行在压力状态下多少会有和原本不同的形态表现出来，而在安定且愉快的状态下也会有所不同。

如果你长期处在压力或安定状态下，可能外表看起来会非常像那个性格类型，所以当尝试寻找自己准确的性格类型时，你可能需要综合考虑你目前的生活状态。

虽然在我们的理解中，“压力”一词总是带有负面色彩，然而在九型人格中呈现出的自己的压力状态，并不代表着“很差”，而倾向于自己的安定状态也不全然代表着“很好”，某些性格类型在压力状态下的确比处在安定状态下还要轻松。

我们并不建议你长期处在压力或者安定状态下，因为那样容易让你看不到自我，甚至迷失自我。就成长而论，如果我们记得将焦点放在正向特质上，我们可从这两种状态中学到东西，获取经验。我们需要做的是尽量去平衡这些状态，这样我们才会更了解自己，并活出一个更健康的自己。

副型号

每一个性格类型都有三种“副型号”，然而每个人在某个时期只会显现其中一种副型号的特质，需经过长时间的演变，才会表现出另外一个副型号的特质。这三种副型号建立在人类生存所需的三种天性上：自我保护型、两性关系型、社会关系型。自我保护型关注生存或幸福，两性关系型关注一对一的关系，社会关系型关注的是社会或团体共同体及拥有全局观。

在通常状况下，我们会自然且适当地将这些天性表露出来。然而，随着个性发展，这些天性有可能被扭曲或者夸大，并且会令我们的行为丧失其变通性。我们可尝试先借由认清我们所属的副型号，然后找到各副型号之间的平衡点来重新获得我们的行为弹性。

学会观察及认清我们的副型号，能使我们拥有惊人的自我意识及成长。但我们往往很容易忽略副型号的存在意义，而在没有觉知的情况下受到这些副型号的影响。

1. 自我保护型。他们强调的是生存、幸福和自足，以及相当的保留与谨慎。具有此种副型号的人较关心与家庭有关的事件，并有理财倾向。当身处危机中，他们会集结他们本身的资源。虽然大部分此类副型号的人其工作偏向稳定，但某些人还是会因大胆及勇敢的个性向他们对安全感的需求挑战。

2. 两性关系型。拥有这种副型号的人倾向于接近别人，并通常具备热情、活跃和竞争意识强等个性。通常，当他们面对公众群体或者异性的时候，相对没有自我保护型那般羞涩或者不好意思，会显得更加轻松自如。当他们想建立人际关系时，他们会运用直接的眼神接触，传递神秘的信号让对方知道。在团体中，他们最在乎的就是能被某些特殊人物所注意或喜爱。有些人则认为，对别人的关心是一种挑战，而因此避免与别人有所瓜葛。

3. 社会关系型。他们要么借由团体来显现活力，要么就是讨厌和避开团体。那些与团体相处融洽的人喜欢与人分享努力的成果，关心别人所做的事，并因支持公众的论点原则和正义而感到伟大。

激情

激情在九型人格论的众多课题中，属于高级课题之一，当中涉及许多探究深层次的本我认知。在我们的理解中，激情一词代表一种内在能量的释放，或者是一种热情的展现，可在九型人格的教义里却不这么解释。简单来说，激情可以理解为“性格原动力”或者人性DNA——每种性格类型的人获得成长与成功是因为激情。同时，他们失败的原因也可从中探寻由来。

通常在判断性格类型的时候，有经验的九型人格导师往往会帮助对象追溯童年的成长经历，因为在那时我们已经可以看到性格的雏形，也是最单纯的性格特征，而激情也已经在那时影响着我们对待事物的态度了。性格的主要特征往往就是在孩童时期形成的。它能成为我们终身的老师，能长期存在于我们的心中，并对我们的生活造成不同的影响，它也在不断地提醒我们，让我们不至于迷失生活的方向。

九型人格的简易测试法

每个人都隶属于“九型人格”中的一种基本类型。了解了九种人格之后，大部分的人都很想知道自己究竟是属于哪种人格类型。下面就是九种人格类型的测试题，在确定自己属于哪种人格之前，需要注意的是，九种人格所描述的九种人格类型，其实并无好坏之分，只不过不同类型的人回应世界的方式具有可被辨识的根本差异。

尽管人们的人格类型终身几乎都会保持不变，但在个人的成长和发展过程中，人的性格可能会随着生活的环境变得比较柔和或者强硬。所以要确认自己究竟属于哪种人格类型，必须从多个方面认真观察自己，并对自身的优点和缺点进行正确的评价。

而且，纵然我们的人格能够被辨识，但我们的经验、记忆、抱负以及处理问题的方式等，却是独立地属于自己的。

在下面的108道测试题中，将认为符合自己的叙述后面括号中的数字记下。拥有最多记号的数字就是你的类型号，但还需参照其他较多数字对应的人格类型，并阅读全书，才能获得更详细、准确的信息。

1. 我很容易迷惑；（9）

2. 我不想成为一个喜欢批评的人，但很难做到；（1）

3. 我喜欢研究宇宙的道理，哲理；（5）

4. 我很注意自己是否年轻，因为那是找乐子的本钱；（7）

5. 我喜欢独立自主，一切都靠自己；（8）

6. 当我有困难时，我会试着不让人知道；（2）

7. 被人误解对我而言是一件十分痛苦的事；（4）

8. 施比受会给我更大的满足感；（2）

9. 我常常设想最糟的结果而使自己陷入苦恼中；（6）

10. 我常常试探或考验朋友、伴侣的忠诚；（6）

11. 我看不起那些不像我一样坚强的人，有时我会用种种方式羞辱他们；（8）

12. 身体上的舒适对我非常重要；（9）

13. 我能触碰生活中的悲伤和不幸；（4）

14. 别人不能完成他的分内事，会令我失望和愤怒；（1）

15. 我时常拖延问题，不去解决；（9）

16. 我喜欢戏剧性、多彩多姿的生活；（7）

17. 我认为自己非常不完善；（4）

18. 我对感官的需求特别强烈，喜欢美食、服装、身体的触觉刺激，并纵情享乐；（7）

19. 当别人请教我一些问题，我会事无巨细地分析得很清楚；（5）

20. 我习惯推销自己，从不觉得难为情；（3）

21. 有时我会放纵和做出僭越的事；（7）

22．帮助不到别人会让我觉得痛苦；（2）

23．我不喜欢人家问我广泛、笼统的问题；（5）

24．在某方面我有放纵的倾向（例如食物、药物等）；（8）

25．我宁愿适应别人，包括我的伴侣，而不会反抗他们；（9）

26．我最不喜欢的一件事就是虚伪；（6）

27．我知错能改，但由于执着好强，周围的人还是感觉到压力；（8）

28．我常觉得很多事情都很好玩，很有趣，人生真是快乐；（7）

29．我有时很欣赏自己充满权威，有时却又优柔寡断，依赖别人；（6）

30．我习惯付出多于接受；（2）

31．面对威胁时，我一是变得焦虑，一是对抗迎面而来的危险；（6）

32．我通常是等别人来接近我，而不是我去接近他们；（5）

33．我喜欢当主角，希望得到大家的注意；（3）

34．别人批评我，我也不会回应和辩解，因为我不想发生任何争执与冲突；（9）

35．我有时期待别人的指导，有时却忽略别人的忠告径直去做我想做的事；（6）

36．我经常忘记自己的需要；（9）

37．在重大危机中，我通常能克服我对自己的质疑与内心的焦虑；（6）

38．我是一个天生的推销员，说服别人对我来说是一件轻易的事；（3）

39. 我不相信一个我一直都无法了解的人；（9）

40. 我爱依惯例行事，不大喜欢改变；（8）

41. 我很在乎家人，在家中表现得忠诚和包容；（9）

42. 我被动而优柔寡断；（5）

43. 我很有包容力，彬彬有礼，但跟人的感情互动不深；（5）

44. 我沉默寡言，好像不会关心别人似的；（8）

45. 当沉浸在工作或我擅长的领域时，别人会觉得我冷酷无情；（6）

46. 我常常保持警觉；（6）

47. 我不喜欢要对人尽义务的感觉；（5）

48. 如果不能完美地表态，我宁愿不说；（5）

49. 我的计划比我实际完成的还要多；（7）

50. 我野心勃勃，喜欢挑战和登上高峰的经验；（8）

51. 我倾向于独断专行并自己解决问题；（5）

52. 我很多时候感到被遗弃；（4）

53. 我常常表现出十分忧郁的样子，充满痛苦而且内向；（4）

54. 初见陌生人时，我会表现得很冷漠、高傲；（4）

55. 我的面部表情严肃而生硬；（1）

56. 我很飘忽，常常不知自己下一刻想要什么；（4）

57. 我常对自己挑剔，期望不断改善自己的缺点，以成为一个完美的人；（1）

58. 我感受特别深刻，并怀疑那些总是很快乐的人；（4）

59. 我做事有效率，也会找捷径，模仿力特强；（3）

60. 我讲理，重实用；（1）

61. 我有很强的创造天分和想象力，喜欢将事情重新整合；（4）

62. 我不要求得到太多的注意力；（9）

63. 我喜欢每件事都井然有序，但别人会认为我过分执着；（1）

64. 我渴望拥有完美的心灵伴侣；（4）

65. 我常夸耀自己，对自己的能力十分有信心；（3）

66. 如果周遭的人行为太过分，我准会让他难堪；（8）

67. 我外向，精力充沛，喜欢不断追求成就，这使我的自我感觉非常良好；（3）

68. 我是一位忠实的朋友和伙伴；（6）

69. 我知道如何让别人喜欢我；（2）

70. 我很少看到别人的功劳和好处；（3）

71. 我很容易知道别人的功劳和好处；（2）

72. 我嫉妒心强，喜欢跟别人比较；（3）

73. 我对别人做的事总是不放心，批评一番后，自己会动手再做；（1）

74. 别人会说我常常戴着面具做人；（3）

75. 有时我会激怒对方，引来莫名其妙的吵架，其实我是想试探对方爱不爱我；（6）

76. 我会极力保护我所爱的人；（8）

77. 我常常可以保持兴奋的情绪；（3）

78. 我只喜欢与有趣的人交友，与一些性格沉闷的人却懒得交往，即使他们看来很有深度；（7）

79. 我常往外跑，四处帮助别人；（2）

80. 有时我会讲求效率而牺牲完美和原则；（3）

81．我似乎不太懂得幽默，没有弹性；（1）

82．我待人热情而有耐性；（2）

83．在人群中我时常感到害羞和不安；（5）

84．我喜欢效率，讨厌拖泥带水；（8）

85．帮助别人达到快乐和成功是我重要的成就；（2）

86．付出时，别人若不欣然接纳，我便会有挫折感；（2）

87．我的肢体硬邦邦的，不习惯别人热情的付出；（1）

88．我对大部分的社交集会不太有兴趣，除非那是和我熟识的和喜爱的人有关的；（5）

89．很多时候我会有强烈的寂寞感；（2）

90．人们很乐意向我表白他们所遭遇的问题；（2）

91．我不但不会说甜言蜜语，而且别人会觉得我唠叨不停；（1）

92．我常担心自由被剥夺，因此不爱做出承诺；（7）

93．我喜欢告诉别人我所做的事和所知的一切；（3）

94．我很容易认同别人为我所做的事和所知的一切；（9）

95．我要求光明正大，为此不惜与人发生冲突；（8）

96．我很有正义感，有时会支持不利的一方；（8）

97．我注重小节而效率不高；（1）

98．我容易感到沮丧和麻木更多于愤怒；（9）

99．我不喜欢那些侵略性或过度情绪化的人；（5）

100．我非常情绪化，一天中喜怒哀乐多变；（4）

101．我不想别人知道我的感受与想法，除非我告诉他们；（5）

102．我喜欢刺激和紧张的关系，而不是稳定和依赖的关系；（1）

103．我很少用心去听别人的心情，只喜欢说说俏皮话和笑话；（7）

104. 我是循规蹈矩的人，秩序对于我十分有意义；（1）

105. 我很难找到一种我真正感到被爱的关系；（4）

106. 假如我想要结束一段关系，我不是直接告诉对方而是激怒他让他离开我；（1）

107. 我温和平静，不自夸，不爱与人竞争；（9）

108. 我有时善良可爱，有时又粗野暴躁，很难捉摸。（9）

测测你属于哪种类型

有人问，人格为什么分成九种，分成九种的话，为什么我就一定是其中的某一种，而不是几种的混合体。这是跟分类的依据有很大关系的。按照性别分，可以把人分成男人和女人，准确率高达99%以上。按年龄阶段分，则有婴儿、少年、青年、中年、老年几种，不过这里的准确率就要低一些了，因为很多人不知道把自己界定在青年还是中年。同样在九型性格测试中，面对数量差不多的号码也会有人很难界定自己究竟属于哪种类型。

为何难以确定自己的性格类型

从测试的经验来说，确实存在着这种问题。也就是说，有人通过测试，发现自己的性格在几个号码里都占有很大的比重。这是为什么呢？研究表明，这是对理论的理解和个人感悟的不同造成的。

首先，从理论方面来说，每一个人只属于一个号码，而且总能找到自己的号码。虽然对有的人来说可能需要花费一定的时间进行自我探索和领悟，但是在这种过程中，获益是非常巨大的，而且这只是获益的第一步。

每个人都有一个头脑、一个心脏、一个身体。这对应了九型人格中的头脑中心、感觉中心和本能中心。我们每一个人都有这三个智慧中心，但是每个人最常使用的，或者说最擅长、最受其支配或者牵引影响的，是其中的一个。

形成这种情况的原因，有先天和后天两种说法。先天形成派的人认为，每个人生来神经系统、内脏系统（内在感觉）和骨骼肌肉系统（身体中心又以丹田为中心）不同，导致其应对外界刺激的时候，总是倾向于优先运用某一个系统，从而形成了三种拥有不同智慧中心的人。

后天影响派的人认为，从后天影响的角度来看，人生来是可以灵活、自在、统一地运用三种智慧，但因为生活环境的影响，其中某一个系统被优化，而余下的两个系统被压抑，从而形成三种拥有不同智慧中心的人。

比如一个小朋友，小的时候，家里的人或者环境，不关注他的真实感受，或者不允许表达，从而他的感受就容易被忽略。或者每一次有感受，是痛苦的经验，进而他把自己的注意力放在头脑中心，用头脑去分析这个世界，或者在内在不停地跟自己讲道理，这样倾向于向头脑中心发展。

同样的道理，如果环境，包括家人的态度、生活的环境让其更倾向于感受者本能发展，自然心和腹这两个中心就获得了优先对人影响的权利。

不管是先天还是后天形成的，留意到每个人的优先系统和被忽略的系统，最终的目的是达到重新的平衡。有些事情，我们想的应该这样，却感觉又想那样，这就是感觉中心和头脑中心的斗争。有些事情，我们知道的很少，却有很强的直觉知道如何去做，比如你莫名其妙地找对了出路，这些是本能中心的智慧。

找不准自己性格的原因

九型人格论把人分成了九种类型，是有一定科学依据的。那么，为什么有的人就找不准自己的性格类型呢？主要的原因有以下几个方面：

1. 九型的分类跟生命最深的渴望有关系，大部分人不明白什么是自己最深的渴望。

2. 从生命故事的角度，九种号码的典型故事，可能你都有过，只是频率不一样，内在的动力不一样。

3. 文字没有办法描述事物本身，只能描述一些外界呈现的现象。

4. 因为人有不同的渴望、不同的恐惧，渴望演化出不同的期待，期待又演化出不同的价值观，不同的价值观又决定了生命的故事，文字最多能描述到故事或者价值观，而九型的分类在于深层的渴望和价值观。

5. 每个人小时候的经历、父母的期待，会对认识自己造成一定的妨碍。

6. 因为每个人都希望自己成为理想中的样子，这也妨碍了他们认识真正的自己。

所以，找到自己的起心动念，才是自己的号码，本书中所有的描述，只是希望读者能通过书中的语言去认识自己的本心，而不是去寻找理想中的自己。

第二章　一号完美型：没有最好只有更好

完美主义者以高标准要求自己，也要求他人；他们办事井然有序，严格遵守各种规则和等级制度；他们认为世界非黑即白，对就是对，错就是错；他们追求公正、公平，喜欢为他人打抱不平……然而，苛求心理的存在，必然导致不完美的产生，完美主义者的优点也必然导致他们难以克服犹豫不决、害怕出错等方面的性格弱点。

完美主义者的特殊之处

对于完美主义者来说，正直和正确是最重要的。他们从来都是以对和错两种角度来观看世界的，没有所谓的折中，而且当他们的正义感遭受污蔑时，他们就会非常狂热地支持一个事件。他们经常觉得，只要自己尽力去做，就一定能把每件事做到最好、完美。而且他们也是九种类型中唯一一种会这样做的人。

完美主义者的性格特征

下面是完美主义者的主要特征：

1. 内心的正确标准变成严格的自我要求；不断产生自责的思想。

2. 有一种强迫性需要，只接受正确的事情。

3. 做正确的事情。

4. 在自身的高层道德和伦理观念上拥有坚定的信仰；要做一个更好的人；要求自己做芸芸众生中少数的能做正确事情的人。

5. 对于那些不符合正确标准的需要置之不理。

6. 在思想上把自己同他人比较："我比他们强还是差？"在意他人的批评："他们在评判我吗？"

7. 做决定时犹豫不决，害怕做出错误的决定。

8. 不切实际的社会改良家；把因为自身需要未被满足而产生的

怒气转移到其他外在目标上。

9. 发展出两个自己：一个事事操心的自己，住在家里；一个尽情玩乐的自己，出现在遥远的陌生地。

10. 通过改正错误而获得关注，将导致两种后果：一是超强的批评力量；二是意识到潜在的完美可能，变成事后诸葛亮。

完美主义者的现实表现

完美主义者生活在一种被寄予高度期望，却得不到奖赏和回报的环境中。在这样的环境中，尽管他们会因为错误而受到批评，他们也只会把批评视作一种修炼。

为了成为一个完美的人，他们必须做出大量自我牺牲，并从内心对自身严格控制。最终，获得奖赏的快乐会被自我控制的快乐所淹没。对于完美主义者来说，他人的批评是一种极大的痛苦，因为他们已经饱受自责的折磨。

让完美主义者说出赞许或恭维他人的话，也是一件困难的事情，因为他们会在与他人的比较中，感到自身的渺小。

完美主义者从小就强迫自己要服从大人的行为标准，他们骨子里对正确的追求会让他们十分在意自己的衣着或言语是否合适，会让他们关注细节，会让他们对任何问题都去刨根问底。另外，他们喜欢钻牛角尖，喜欢从鸡蛋里挑骨头。

在完美主义者看来，只有严格的自我监督，让每步都做得完美无缺，才能实现目标，赢得赞美。此类性格的人在进入高层心境后，可以成为非常睿智的精神偶像。

完美主义者对自己和他人都有极高的要求。相信做什么事总有一种正确的方法。他们有一种天生的优越感，认为自己比他人强。

往往因为害怕犯错而犹豫不决，推延行动。

当完美主义者感到浑身僵硬，态度变得异常礼貌时，他们的愤怒正在滋生。当他们愤怒时，他们会寻找证据来支持自己的愤怒，而且会证明自己的生气是有道理的。他们说愤怒来自曾经遭受的冤屈。他们不愿意宽恕错误，因为如果你宽恕错误，忘记错误，你就可能一错再错。聪明的解决办法就是让自己安心。承认过去的错误，好好研究它。“那是过去的事。现在是现在，但是没错，我记得。”

承认错误同样会给自己带来安全。如果完美主义者因为某些无法表达的事物而感到愤怒，过去的一点小问题就有可能成为爆发点。学会识别自身被隐蔽的情感信号，比如愤怒，对于他们来说，可能需要花一辈子的时间。

他们的感觉说：“我好像是插了塞子的瓶子。所有的事情都被封在瓶子里，我无法让它们出来，但是我不生气。”

他们的思想说：“能量太多了。我已经管不了了。我要走了。”说出自己的身体感觉很重要。完美主义者可以先从最明显的感觉开始。“腹部很紧，大脑空白。”然后不断放松自己，重新组合自己。这些感觉有可能帮他们找到自己的愤怒。

完美主义者一旦确定了自己的目标，并且认为这个目标是正确的、有价值的，就会努力地为之奋斗。如果这时候有人对他们怀有殷切的期望，或者给他们一定的鼓励和支持，完美主义者就会更加忘我地去达到这个目标，让周围的人感到满意。

他们这种奋斗和努力通常是自发的，或者是受人鼓舞的，而不像有些人，完全是为了得到某种权力或者安全感来工作。

渴望并致力于把每一件事情做到最好，这是完美主义者的理想。虽然这种凡事力求最好、不能容忍任何瑕疵的性格，经常会让别人觉得他们有些自以为是的逞强，甚至会因为他们过分追求完美的心态而感到厌恶，但不能否认，他们所表现出来的热情通常是为了改善工作，并会为之付出长久的努力，即使这种过于夸张的热情会让人感到有一些不切实际，但没有人能够否认，这是完美主义者无人能及的性格优势。

由于完美主义者总是会通过自己的努力把世界变得更加美好，因此，他们往往会成为非常敬业的老师，并在工作中追求精益求精，他们希望通过自己全心全意的教授，让别人也像自己一样，做任何事情都追求做到最好。完美主义者坚信，只要人们获得正确的信息，就会改变自己的生活状态，力求完美。

完美主义者坚信真理只有一个，因此，他们会坚守自己的原则和标准，不会轻易妥协和退让。在团队合作中，完美主义者会有很活跃的表现，让所有的人都关注到他们，当然，这并不表示他们总是表现得很激进，有时候，他们也会很保守。

对于完美主义者来说，只要别人能够承认自己的错误或者实力有限，承认完美主义者比自己强，就可以轻易化解完美主义者的挑剔和批评。

对于那些本身工作很努力却受到错误信息诱导的人，完美主义者能够表现出足够的耐心，给他们提供百分之百的指导和帮助；同时，完美主义者也十分欢迎那些敢于主动承认自己的错误，并渴望完善自己的人。从这一点来说，完美主义者不仅要求自己追求完美，对周围的人也有着同样的期望和要求。

追求完美行事的领导者

完美主义者领导的特点

完美主义者是强硬正直的领导者，在事情的一开始他们就能预知到结果，他们的心中有着非常清晰的“正确”的结局及完成任务的道理和原则。他们的领导方式是以强硬、专制的手段与属下分享他们心中的想法，不管你是否愿意听，他们都会把自己的想法告诉你，而且你还必须对他们的想法有所回应，否则就会遭到他们的责怪和埋怨。

完美主义者非常喜欢去指出或更正别人的错误或不恰当的做法，他们会对别人的错误进行严厉的批评。他们总是要求别人都能和他们一样，都能遵守他们的原则和要求，而且都要明白正确的事物和方法是什么。这样一来，他们可能就会把你引领到一个你可能没有听过的道德标准上。不过，他们在评判别人的表现或者评估其他事情的时候，总是毫不客气，要求严格。

完美主义者在工作中总是不厌其烦地解说自己的计划、程序、要求，他们会毫不留情地命令每一个下属都要按规矩做事，当有下属犯错误时，他们就会果断地把这个人赶出自己的队伍。

属于完美主义者的领导者，凡事往往都会设立清晰、严格的疆界，他们会明确地确定每个人的任务、责任和上下级的主次关系，他们会借此来说明自己的界限和要求。

他们很清楚谁该做什么，谁不该做什么，谁该向谁汇报工作，等，他们都会有一个清晰的、系统的概念。这种领导风格往往会对下属应该执行的任务施以强硬的命令性的控制和约束。

对于完美型的领导者来说，他们不相信别人能很好地为自己完成任务，他们认为别人都不可能达到他们的要求和标准，因此，他们不会轻易委派他人为自己做事。

同时，他们还知道，在自己所重视或感兴趣的范围内，他们都能把每件事做得比别人更完美，他们会严格要求自己，为自己制定一个相对完美的标准，然后会一直努力达到目标，不会轻易放弃。

当工作小组向完美主义型的上司汇报工作时，表面上看完美型的上司对汇报工作比较满意，但实际未必如此。在完美型领导者的影响下，他们的下属不仅会紧密配合，而且还会有严谨的规章制度。

下属在他们的要求下，会十分小心谨慎地工作，唯恐满足不了他们的要求。但是，正因为如此，下属的创造力和积极性在很大程度上都不敢大肆表现出来，创造性的工作受到约束。

因此，完美型的领导者有时就会抱怨自己的下属没有创造力和工作激情。要知道，在完美型领导者的团队里，没有人敢犯错误，也没有人敢出风头，从而也就没有特别出类拔萃的人才。因为没有人愿意听领导的批评和责骂。此外，在完美型领导者召开会议的时候，也很难会有人发表自己的意见，因为他们往往会严厉批评下属，因此下属也就不敢轻易发表意见。最好的完美型领导者会为下属创造一种普遍可行的道德氛围，关心产品的品质，重视下属的待遇、安全，同时还会非常重视团队的社会责任。

完美主义者领导的错误和缺点

完美主义性格者的缺点一般非常明显：只有自己是对的，其他下属一定是错的，凡是与自己持有不同立场的员工，他们一般都会强迫性地要求对方改正过来。

他们总喜欢抱着这种“救世主”的态度去面对工作中的所有事情，认为只有他们才可以将这份工作做好，员工只有听他们的话才能有效地工作。一旦员工在工作中出现了一点点瑕疵，便会立刻招来他们的严厉批评，因为他们喜欢追求工作上的完美，容不得在自己的工作范围内出现一点点纰漏。这点上，完美主义性格者与8号型支配者性格有点相似，但是8号型支配型性格者比他们更加霸道、更加自以为是、对下属的要求也更加严格。

完美主义者的工作最佳招势

完美主义者员工的特征

完美主义者致力于达成有价值的目标。一旦决定了某个正确的目标，他们就会忘我地工作。尽管有时候他们会逞强，会表现出不切实际的热情，但他们的确是希望把工作做得尽善尽美，并愿意为此付出长久的努力。

在最佳状况下，完美主义者在工作中会小心翼翼，而且还会努力不懈，他们做事不会寻求捷径，只希望自己或别人能够正确地完成工作；在工作的时候，完美主义者会井然有序，喜欢把每件事情都分得很仔细、很清晰；他们重视工作的细节，有着很强的责任感。

完美主义者每天都会很早起床，不管做任何事，都会事先了解自己的工作任务以及一些报告或计划，他们总是害怕自己不能按时完成任务，或者是任务完成得不够完美。有些完美主义者也会拖延工作的进度，这是因为他们觉得自己的作品还没有达到完美的境界，由此可见，完美主义者对任何事都渴望达到尽善尽美。

完美主义者员工的表现

完美主义者在职场注重维护质量和高标准，关注细节，喜欢改进并且简化规程。会坚守标准，绝不轻易妥协和退步。他们在团队中的形象总是很明确、很偏激：要么完全激进，要么完全保守。

为了出色地完成工作，他们会要求其他人和他们一样努力，因为他们可以从其他人的努力中汲取动力。

他们一旦获得正确而妥善的决策，就会受到激励而全力以赴地工作；但是一旦面临危险的决定，觉得自己受到威胁，就会退缩，不会像别的员工那样直接发泄自己的不满。如果他们的出色表现得不到领导的认同，他们会把注意力转移到那些微小的错误上，通过合理的抱怨来间接表达自己的不满。

他们不喜欢那种不同观点并存的环境，而是倾向于既定的某一种权威的方案。对于大多数完美主义者来说，他们对事情的公正和自己的声誉都会追求完美的境界。有一位给予型的老板，他公司里有一位完美主义型的员工，平常工作表现不错，但是这位员工作为公司的采购员总是预算超支，这对公司来说是一件大事，但是这位员工却坚持认为自己的预算都花在了采购上，从库存的价值来说他并没有超支。

于是，这位老板给员工加了3%的薪水，可那位完美主义型的员工觉得自己很好地完成了工作，应该加4%的薪水，于是便找老板讨论这件事情，一直讨论了两小时。

那位员工对薪水没有加到4%感到非常愤怒，但是他却一再压抑自己的情绪，不让自己表现出来，他依然保持礼貌的态度对老板说，他认为自己没有得到那1%的加薪比率，是老板否定了他所有的工作表现。接着，他又带了厚厚的一沓资料让老板看，上面记录了他采购的所有内容，每一分钱花在什么地方，记录得清清楚楚。他认为老板对他的加薪幅度不符合规则，既然自己都能认认真真遵循老板的标准，为什么老板就不能按照规则做事呢？

这位老板觉得员工预算超支对公司的财务会造成一定的影响，站在公司的角度，他不能也不想为员工多加1%的薪水。

可是那位完美主义型的员工还是不依不饶，一直诉说自己的工作表现不能换来相同的待遇，把老板说得不耐烦了，这位老板只好为他多加了1%的薪水，并要求他以后不能再超支预算，否则不会再给他加薪。这时候，那位员工才满意地离开了老板的办公室。

由此可见，和完美主义者相处的时候，你必须要实事求是，而且还必须满足他们的要求。

总是向往着完美爱情

完美主义者的情感特点

对于看似严肃的完美主义者来说，爱情是他们内心深处最深层的需求。追求完美的他们，把爱看作别人认可他们的最高奖励。与其说是在寻找完美的爱情，不如说是在“打造”完美的爱情。

他们从小就把拥有爱与完美画上等号，他们认为只有自己的所作所为都是正确的，才能获得爱。正因为如此，他们往往觉得自己会因为不够完美而不惹人爱。他们不相信有人能够接受他们性格中的缺点，并爱上他们。在完美主义者的内心，认为只有完美的人才能获得爱情和幸福。他们总是努力打造最好的爱人，一旦他们发现了对方的优点，就会开始努力把对方身上不完美的地方去掉。他们会对自己的伴侣进行再次改造，他们甚至会忘记对方性格中的缺陷，忘记任何一个人都是优缺点的混合体。

一旦陷入一段美好的爱情，随着两个人关系越来越近，他们的担心也会越来越多，越来越紧张。因为他们害怕自己内心的错误想法会让对方察觉，进而被对方所厌弃。所以，即使是一点儿小事情，也会让他们敏感的神经紧张万分。

完美主义者经常在约会回来后，对刚才约会中出现的情况进行后续幻想。例如："我刚才生气了，他会怎么想？""他不喜欢我的艺术品位，怎么办？""我刚才说的那句话，会不会让他误会？"

一系列的猜想往往让完美主义者的内心彻底崩溃，最终认定对方肯定已经讨厌自己了，于是心中暗想："既然如此，那还不如现在就分，你也不是那么好！"然后，就开始对伴侣横加指责，来平衡自己心中的愤怒，让对方感到莫名其妙。而事实上，什么事情也没有发生，只是所有的事情都被完美主义者错误地放大，然后加以"分析"，最终糊里糊涂地把好好的关系弄得一团糟。

不过，对于那些愿意承认自己错误的人，完美主义者的态度会有很大改变。只要对方承认了错误，他们内心的怒火就会消失。如果对方为弥补过错而付出了很多的努力，他们就会重新变得忠于这份感情。另外，完美主义者在伴侣的选择上也有着自己的标准。他们希望另一半是一个完美爱人，但在寻找中他们往往会陷入两个极端：一是把对方的优点无限放大，看不清对方身上的缺点；另一方面，当他们逐渐从爱的迷雾中苏醒过来的时候，对方的缺点又会显现出来，使他们觉得自己受到了欺骗。

对待完美主义者爱人的方法

那么，面对这样一个敏感的爱人，要如何收拢他们的心呢？

1. 伴侣要让完美主义者感觉到稳定和安全。

2. 要学会赞美他们，可以用礼物或拥抱来表示对他们的热爱。

3. 学会主动承认错误，完美主义者喜欢别人有悔改之心。

4. 约会定要准时。女孩尤其要注意，约会迟到，可不会给你的完美主义者男友留下好印象。

5. 面对他们的挑剔不要太在意，有时并不是你真的不好，而是他们为了掩盖内心的自卑，以寻求平衡的一种方式。

不过，有一点可以放心，完美主义者背弃感情的指数可是很低的。观念比较守旧的他们要出轨，可是没有那么轻松，他们的“内心批评家”可以替你省去很多监督他们的力气。除非他们对另一半彻底失望，他们绝对是为了家庭而付出不懈努力的绝佳伴侣。

挑剔者的人际交往妙法

完美主义者的交际特点

虽然完美主义者渴望与他人搞好人际关系，但他们却难以信任这个世界，因为人们似乎经常口是心非。他们也觉得因为自己不完美，所以不值得拥有友谊。

他们与他人开始亲密接触之后，具有退缩的倾向，想看看对方是否看重这段友谊，以及此人是否值得交往。如果对方和他们继续联系，以上两者才得到证实。另外，他们时常表现出疏远或讥讽的一面，可能会导致失去潜在的亲密友人的痛苦。

完美主义者必须被朋友热烈约见，因为这显示出对方同样投入。这对完美主义者来说，意味着他们被看重，而且对方很享受和他们相处。可信赖的朋友会帮助他们，表达那些可能会吓跑别人而不敢表达的深层情绪，而不了解他们时常暗中勃然大怒，在困惑中受到伤害。

他们可能没觉察到，如果关系到他们挑剔的一面，情况会变得很糟糕。完美主义者认为，朋友应该实现最高的潜力，所以他们时常以爱的意图，提供具有建设性的批评。这点容易被误解，但如果这点能被了解，他们会活跃在互为良师益友的关系中，让双方彼此学习、互相造福。

亲密关系中的完美主义者常常会造成某些问题的误会，除非基本原则能妥善设定。完美主义者企求完美的关系，当缺点如他们所愿不可避免地出现时，他们会去看看自己是否哪里做错。如果没有，他们很容易憎恨并责备他们的伴侣。

“控制是必要的，这样我才能确保一切会完美呈现。我发现设定清楚的基本原则很重要，就算不够明确，那也是规则的一部分。必须界定好谁该做这个，谁负责什么，否则我将会负起责任，事情才能完美。如果双方同意那不是我的责任，我也可以放手不管。”

完美主义者经常会这样说。

在社交场合中，完美主义者大致可以分为两类：一类是压制型，一类是宣泄型。压制型的人努力克制自己的感情，很和气地对待他人，不管心里有多么愤怒、痛苦或沮丧，他们都笑脸迎人，而他们的社交魅力也因此而显现出来。宣泄型完全相反，他们把对自己和对别人的失望刻在脸上，一副郁郁不乐的样子，而且易激动、易焦躁，动不动就指责别人。

他们并不是没有克制自己的情感，而是心有余而力不足。无论在什么场合，他们都是一副愁眉不展的样子，与那种胸中燃烧着怒火而脸上仍绽开微笑的人相比，他们显得不够成熟老练。并且，他们这种样子并不能换来别人的同情，反而增加他人心中的厌恶感。

完美主义者的心理调节

在生活中，我们常说："人无完人。"既然人都不是完美的，那么人就会犯错误。然而，对于九型人格中的完美型的人来说，他们却不允许自己犯错误，也不允许他人犯错误，过分追求完美的个性常常使得他们看起来木讷、呆板，过于自律也使得他们忽视了自己内心的快乐。因此，我们发现，作为完美主义者，为了不让自己活得累，他们需要适度调节自己的心理。具体来说，他们可以根据以下几个方面进行调节。

1. 承认错误的存在，让自己安心。完美主义者常常纠结于自己和他人犯的错，一旦自己犯了错，他们便陷入深深的自责之中；而他人犯错，也会遭到他的批评。为此，他们不仅内心受到煎熬，人际关系也可能变得紧张起来。

对此，聪明的解决办法就是让自己安心，承认过去的错误，好好研究它。“那是过去的事，现在是现在，但是没错，我记得。”

美国作家哈罗德·斯库辛写的一篇《你不必完美》的文章中，有这样一则故事：

一次，他在孩子面前犯了个错，他很担心自己曾经在孩子心中建立起来的伟大形象因此而被摧毁，所以，他不愿意承认错误。就这样，他每天都受着内心的煎熬，日子过得十分痛苦。后来，终于有一天，他鼓起了勇气，给孩子们道了歉，承认了自己的错误。结果，令他感到惊喜的是，孩子们并没因此而不再爱他，反而对他更崇敬了。从这件事中，他感叹道：人犯错误在所难免，那些经常有些错失的人往往是可爱的，没有人期待你是圣人。

这个故事告诉我们：正视错误，拒绝完美，才令我们完整。因此，对于1号性格的人来说，你们不要太苛求自己了，允许自己犯错，才会活得轻松。

2. 偶尔可以宣泄自己的情绪。对于完美主义者而言，他们是不允许自己表达糟糕的情绪的，因为他们不允许自己失控。实际上，正是因为过分自律，才让他们的压力更大。所以，完美主义者不妨尝试偶尔宣泄一下自己的情绪，并尝试一些放松练习，如唱歌、听音乐、运动等，并且，要抱着一种享受的心情发泄，这样，很快会感受到快乐。

3. 这个世界并不是非黑即白的。在完美主义者的内心，他们相信这个世界不是黑就是白，没有灰色地带。例如，当他们发现爱人的某个缺点后，就会全盘否定爱人。他们认为，工作如果不是无瑕疵的，就是令人尴尬的。

对此，完美主义者必须要调整好自己的心态，很多事情都不是绝对的黑或者白，周围的人也都是优缺点并存的，即使找寻了很久的爱人也是如此。

因此，完美主义者必须要抛弃这样的想法：“如果我的感觉不好，我要么选择了错误的爱情，要么就是我自己有问题。”完美主义者应该学会面对现实，学会看到痛苦的价值。

4. 别害怕被拒绝，主动开口。完美主义者很多时候都不愿意主动开口，他们害怕被拒绝。无论是他的爱人还是朋友，常常会被他的一些外在行为而困扰，这是因为他不愿意主动沟通。所以，完美主义者必须学会主动把自己的想法说出来与他人沟通。

完美主义者应勉励自己：人生是没有完美可言的，完美只是在理想中存在，生活中处处都有遗憾，这才是真实的人生。事实上，追求完美是盲目的。“完美”是完全的美好，这可能吗？“凡事无绝对”，哪里来的“完全”？更不要提“完美”了。

完美主义者的性格揭秘

完美主义者由于无限夸大完美主义，极易导致自我挫败，使工作效率降低，人际关系、自尊心也会受到伤害，这会让人极其痛苦。例如，道德完美主义者见到别人犯错误，即使是小错误，也会有恶心、精神痛苦等症状，严重者甚至有消灭、摧毁对方的念头。

这种人极度缺乏宽容之心，更缺乏包容之心，精神压迫产生的道德“洁癖”无形中形成一堵心灵之墙，将他与外界实际生活隔离起来。当然，被隔离的一定是他自己，如此就表现为心灵孤独与心理障碍的痛苦。

这种人对自己的各种要求极高，并以己推人，用自己唯一的标准衡量外部的一切。所以必然会造成意识冲突，如果情绪一旦失控，极易造成肢体冲突，并伤人伤己。再严重者则会有意识混乱、心智迷失的倾向。

完美主义者还容易产生自恋与自傲的情绪。他们藐视外部世界的概率要远远大于认同与包容外部世界，他为自己的任何错误都精心辩解，但对别人却毫不宽恕，评头论足，这无疑会伤害别人，影响同事、朋友之间的关系。

这种人经常不切实际地提升自己的理想与要求，最终导致自己远离实际生活的轨道，并形成自身致命的缺陷。

对什么都看不顺眼

完美主义者一般都婆婆妈妈、好为人师，因为他们的身心都在强烈的完美追逐中，他们觉得完全有必要让别人知道最好的是什么，在行为上就每每伴有好为人师的倾向。完美主义者认为，追求完美应该是一个人最起码的人格。

于是，他们就会不厌其烦地教导别人该如何行事，而这些婆婆妈妈的说教只会让他们在别人心目中的地位下降，让别人感到厌烦和无法忍受。

有时会大发脾气

完美主义者通常不会大发脾气，但有时也会像火山喷发一样大发雷霆，让对方不知所措。当完美主义者一而再，再而三地指出同一个错误，但发现没办法纠正时，他们心中的愤怒就会非常强烈。

在压力状态下，完美主义者的情绪也会像火山爆发一样喷发出来。比如说，当他们认为细节上做得不好的时候，无论对方是任何人，他们都会产生很大的情绪，具体表现为发火、指责对方，从“这个事该怎么做”上升到“你这个人怎么这个样子啊”，等等。

不会说好听话

他们很难说出赞许或恭维他人的话，因为他们会在与他人的比较中感到自身的渺小。他们会十分关注细节，对任何问题都喜欢刨根问底，他们还会喜欢钻牛角尖，喜欢从鸡蛋里挑骨头。

嫉妒心较强

他们的心中时刻竖着完美的标杆，在与自己较劲的同时还和他人进行比较。“他的外表比我英俊，但是我的身体更健壮。”这种比较往往是他们在日常生活中不经意做出的，却是他们感到痛苦的主要原因。因为他们坚信“唯一正确性”的观点，只要他人获得了胜利，他们就会觉得自己是失败者。

智能听读 扫码听书

第三章　二号给予型：有付出才有回报

给予者是“爱心大使”，他们最大的行为特征就是“给予”。他们希望通过帮助他人、为他人付出的方式来赢得别人的支持和肯定。给予者能够十分敏捷地判断出别人的需要，并调动自己的感情去适应他人，即便因此而放弃自己的需要也在所不惜，但他们更希望自己为别人所做的一切都得到回报，而不是默默无闻地付出。

给予者的特征是啥

给予者通常表现出外向、快乐、活力充沛、友善、自信、讨人欢心的性格特征，他们尤其喜欢帮助别人。他们自愿为他人提供时间、精力及物质，他们所赠送的礼物总是经过精心挑选，以符合接受者的品位。给予者喜欢付出多于求取，宛如自己什么也不需要；他们既独立又能干，最乐于满足别人的需求。

给予者的现实表现

“即使我一个人，当然这种情况不多，我还是会想起其他人，以及我所做的事情和他们有什么关联。比方说，我在整理院子时，会连带地想到为隔壁太太也修剪一下枝干……”

虽然他们总是显得自给自足，他们的世界却是以人际关系为主。他们主动寻求赞许，通常在为他人服务时才展现出自己的技能和成功。给予者对别人的需要和感觉有天生的同情心，能调整自己以迎合他人的需要。不仅是物质层面如此，他们甚至更彻底地成为别人想要认识的那种人。他们会适应不同的人而有不同的表现，却不带任何欺骗的成分。

大多数给予者并不认为自己骄傲，但是由于他们毫无“明显”的需要，却又确信自己能满足人人的需要，他们似乎有一点儿优越感。

如果一种关系太过亲密，他们可能会保持距离，对外宣称他们需要自由，实际上却是不愿冒因暴露过多自己而被拒绝的危险。附带一提的是，给予者会有选择性地与人交往，通常专挑那种特殊、具有挑战性而难以亲近的人。

他们以极大的尺度去帮助或吸引别人，不管对方有什么要求，几乎来者不拒。因为他们承担过多而把自己弄得筋疲力尽，而对方还视为理所当然。当他们不断付出而对方似乎不以为意，或是对这慷慨的行为视而不见时，给予者会表达出强度足以震惊他人的愤怒等情绪。

能成为给予者关注的焦点，那感觉通常都很好。不仅因为他们会满足人们真正的需求，而且他们能洞见朋友至高的潜力并给予支持。不过，从其他类型的眼中看来，给予者能把焦点放在别人身上到那种程度，真是令人难以置信，也让人感到其中有操控成分。他们想要联系和回应，会强制地探求其他人想要的事物。

给予者的性格特征

给予者的主要性格特征有如下几条：

1．无条件付出爱。开始承认自己也有个人需求，肯定自己的感受，对人是无条件付出，但却充满欢乐，活得洒脱、有品位。

2．有同情心，关怀他人。对人充满爱心，没有私心，重视他人的感受。

3．肯支援和付出。欣赏和支持别人，肯付出自己的精力、时间，愿意表达自己的感受、分享自己的快乐。

4．占有欲强、干预性强。内心害怕对方对自己的爱不够，或者担心对方爱别人多过自己而变得敏感，甚至会监视对方的行为。

5. 善意取悦别人。担心因为自己的付出不多而得不到他人的认同、喜爱，因此，他们会采取取悦他人的方式来弥补。

6. 令人吃不消。希望他人称赞自己，会提醒别人对自己有亏欠，情感压抑而导致身体出现问题。

7. 操控。因为害怕被背叛而首先采取措施，即使得不到爱，也要让对方依赖自己。

8. 威逼利诱。为了爱开始不顾一切，甚至会不顾颜面。

9. 扮演受害者。不能面对自己的自私行为以及承认曾经伤害自己而彻底崩溃，需要别人的帮助才能再站起来。

事事操心的给予型领导

给予者领导的性格特征

给予者的人格魅力和他们天生懂得如何运用自己威望的特质，吸引了很多的权威人士都乐意和他们交往相处。给予者会适时地说服其他的权威人士加入到他们的事业中，他们是非常优秀的推销员，因为他们能迅速看清事实，并软硬兼施地向别人介绍从事业中可以获得的好处，以让别人相信自己并加入自己的事业。

在最佳状况下，给予者可以是“服务型领导人”。他们会全心全意地为他服务，毫无怨言地处理一些卑微、烦琐的事情，而且还会以自己的精神支持和鼓励别人，可以说他们在团队中扮演着重要的角色。

一旦失去了他们，团队的运作就会陷入一片混乱，团队的工作甚至也会因此而取消，没有了他们，所有的工作都无法正常进行。其实他们很可能就是这个团队的幕后老板或领袖，他们是支配团队的灵魂人物。

的确，现代流行的人道管理方式，应该将金字塔形的组织形态彻底翻转过来，必须改变整个组织结构。一位给予型的旅馆经理展示了他的旅馆的组织图，他把服务客人的员工放置在最上端，而他自己则位于组织结构的最底层。正是他聪明地将自己放在最底层，使得他的地位比高高在上的顶层人物显得更加重要、不可或缺。

因为位居高位的人就算离开了，那也不至于会使整个组织结构崩溃，他这一做法让所有的人都知道自己是为他们而工作，为他们而付出。由此可见，给予型的领导无疑就是最高明的领导者，对他们来说，管理的核心就是要不断支持别人，如果把自己放在最顶端，那么就会出现腐败现象。

给予型的领导者从不害怕当一个积极的干涉者，他们会严厉地要求下属参加训练或学习，而且还会为下属提供必要的辅导和帮助。对给予者来说，领导的艺术并不在于处处遵循原则、规矩，也不在于直接切入事情的重点，对他们来说，真正的成功，是他们对客户和下属所造成的影响。

对给予型的领导者而言，他们的焦点既不是事情的信息，也不是事情的策略性计划，而是人。给予者会授权他人，使他人变得忙碌，而且还会适时地启发他人该怎么做，他们是善于表达自我感情并启发他人的人，他们会让别人决定该怎么做，而不是事事都由自己做出决定，这都是关心他人的特质，是给予型领导者最宝贵、不可缺少的个性。

给予者的领导风格最适用于当下属已经准备离开公司，但稍有迟疑、疑虑的时候，这时候的给予者可能会对下属非常关心、支持、鼓励，并想方设法增强下属的自信心，但是他们也很希望下属能告诉他们自己要离开的真正原因，而且也希望下属再次留下来的时候对他们表示十足的谢意。

给予者领导的长处和短处

他们在工作上是有效的，因为他们有用不完的激情，而对于现在的职位，他们多半也是通过构建人际关系获得的。但同样，他们在处理工作时，也会存在一些不足。

举个很简单的例子，某些老师对待学生时，哪个学生学习成绩好、可爱、听话，他们就喜欢谁。同样，给予者的领导也是如此，哪个下属听他的话，愿意支持他，他就会给其涨工资，给其提升的机会；而假设他不喜欢你，那么，你再能干也没用。

当然，他们也有很多优点。他们很有亲和力，而不是整天板个面孔、摆领导架子；他们能与公司的下属打成一片，甚至对公司的保安，他们也经常会笑脸相迎。

在管理员工上，其实给予者领导的方法并不恰当，因为他们太感情用事了。他们喜欢帮助下属，甚至会替代他们做很多工作。但这样，下属是无法成长的。例如，下属没有完成工作，他们根本不会采取惩罚措施，反倒安慰：“那我来吧。”久而久之，他们在下属心中的权威性也降低了。也就是说，给予型领导者对下属的关心就像保护小动物一样，这使他们缺乏客观的评价标准，有时爱人变成了害人。

职场上的给予者，他们是希望通过权威的肯定来证明自己的，而获得权威的方式就是讨好。善于运用人际关系是他们的优点，但感情用事却是他们的缺点。身处职场，如果我们工作的周围也有给予者，那么，了解他们的心理及表现，能帮助我们成功找到应付他们的策略。

给予者职场行为实战

给予者员工的特征

在办公室中，那些小事抢着做、总是主动帮助人、总是能照顾大家心情的人就是给予者。那么，给予者在职场中都有什么表现呢？当然，这要视给予者在职场的具体角色而定。

给予者很注重自己的工作环境，如果大家都很友好，他们就会很享受这样的工作过程，惬意地工作。如果是经常有人际冲突或缺乏人际沟通的环境，没几天他们就受不了了。

有给予者参与的办公室是有活力的，他们是快乐的，并且他们很注意带动办公室的氛围。因为他们一方面希望获得大家的喜爱，另一方面又想赢得大家的关注。

在给予者看来，相对于工作本身，他们更看重情感，良好的人际关系对于他们来说尤为重要。只要能得到他人的肯定，他们做再多的工作也无所谓，只要有人对他们说“麻烦你了”，他们肯定会表现得十分积极，甚至会做很多自己分外的工作。

当然，有时候，在外人看来，给予者并非那么友好，因为他们会把其他成员看成竞争对手，他们总是在寻找各种机会赢得更高上级的青睐，这足以让其他同事吃醋。此外，他们常会因为自己对同事和领导的帮助而沾沾自喜，甚至认为别人没有了他不行。

给予者是“操纵老板”的高手，他们知道如何才能使组织或老板变得更好，而老板们也总是会和他们保持一致的意见和步调，并始终认为给予者的意见就是自己的意见。

给予者不需要别人督促他去完成工作和计划，他们通常喜欢辛勤地工作到很晚，这样做纯粹是为了帮自己所支持的老板完成任务。他们不像媒介者那样需要老板下发明确的指示，也不像质问者那样需要老板授于自己责任，他们时刻明白什么事应该完成，而且他们也会尽自己的最大能力去完成工作。给予者是幕后的操纵高手，情绪至上的给予者能够与手握权力的老板友好相处，他们经常会伴随在老板左右，也会很好地运用自己手中的权力。他们要在工作中占有重要地位，他们也非常明白自己期待什么样的结果，更清楚在必要时自己如何有所贡献。

给予者非常乐意和那些能够友好相处的人一起工作，这样就会有事半功倍的效果。给予者不喜欢和那些固执或者不懂得感恩和回报的人一起工作，至于那些不知道自己要做什么的人，他们却会很好地与之相处，因为他们的工作就是去寻找他们的需求和期望，然后再帮助、支持他们。

当给予者这样做的时候，或许会得到别人的感激和回报，这时他们就会感到很高兴，从而更加喜欢和懂得感激他们付出的人一起工作。然而，他们也是喜怒无常的。他们努力工作是为了获得上司的认可；他们帮助同事，是为了让同事喜欢自己。正因为如此，任何不尊重的暗示都可能惹恼他们。他们还会把生活中的情绪带到工作中，无论是和爱人吵架还是孩子不听话，都可能导致他们在办公室闷闷不乐，甚至会影响到整个团队的工作效率。

给予者员工的管理

管理给予者员工的时候应当采取适当的方式与他们进行沟通。给予者员工虽然很愿意付出，但是他们的付出是有一定条件的。作为他们的上司，应该鼓励他们将条件说出来。

给予者员工尽管有乐于助人、甘于奉献的优点，但是他们的缺点也不容忽视，比如容易感情用事，容易凭借自己主观的判断来断定一个人的好坏，因此管理起来有一定的难度。要想很好地驾驭这些给予者员工，应当学会以下几个方面的技巧：

1．多跟他们进行一些肢体语言沟通。给予者员工很容易得到满足，只要与他们沟通的时候，适当地拉拉他们的手，拍拍他们的肩膀，跟他们有一些身体接触，他们便会以为你们的心也接近了许多。

在日常生活中，我们经常可以见到有一些老板，见到给予者员工任劳任怨就总是想方设法地压榨他们，叫他们干很多的活却又不适当地提升其职位或者涨工资，这样一来尽管给予者员工表面上没有说什么，其实他们心里已经产生很强的抵触情绪了，这样持续下去迟早会出问题。如果上司在这种情况下能够与给予者员工进行适当的沟通，多些让员工感到被老板关注的肢体性语言，便会很好地化解双方的矛盾。

2．努力激发给予者员工的积极性。给予者员工的上司有必要学会激发他们的积极性，这一点非常重要。有些上司整天抱怨给予者员工的工作效率低，其实，与其抱怨，不如去想方设法提高他们的工作热情，让他们在工作中发挥出更大的积极性。其实，只要领导者仔细对给予者员工的心理进行研究，就不难发现，只要满足了给予者员工的虚荣心，使其感觉备受领导者的关注，他们工作的积极性自然会很快提升。

作为他们的上司，你只要在天气炎热的时候记得给他们买一根冰棍，他们的心里便会暖烘烘的，尽管一根冰棍很便宜，但是是他们的上司亲自买给他们的，自然情分非比寻常，他们会感觉上司对他们很照顾，于是就会拼命地工作报答上司的知遇之恩。

3. 多与给予者员工在工作上达成共识。作为给予者员工的上司，应当尽力学会与他们达成共识的方法。其实，想要跟给予者员工达成共识也很简单，只要给足他们面子，让他们有个台阶可下，就很容易与他们达成共识了。

作为上司，不可以用盛气凌人的语言得罪给予者员工，虽然这种情况在所难免。当这种情况发生时，作为上司，你应当有接受给予者员工报复的心理准备，其实他们报复的方法也很简单，无非是不认真完成分内的任务而已。但是，只要上司亲自去跟他们沟通，他们便会很快振奋起来，立即投入工作。

一生忠于爱情的给予者

给予者的情感特征

给予者是爱情的动物，一辈子忠于爱情，事业、钱财对他来说都不重要，但没有爱情是不行的。因此，很多给予者“剩”了下来，你问他要找什么样的人，他总是说没要求，其实这“没要求”就是有要求，他要求的是很玄妙的感觉。给予者很喜欢谈恋爱，而且很认真，在感情上很容易回不过神来。一般来说，给予者偏1号的人感情非常专一，而给予者偏3号的人稍微差一点。

给予者找伴侣的基础是真爱，他不在意你的家庭背景，不在意你的穷富，长相可能在意点，但也不是最在意的，他最在意的是你对他用心是否真诚。那些在小说、电影、电视里出现的为了爱情无视双方各方面的巨大差异而坚持走在一起的主角，很多都是给予者。

给予者喜欢动之以情，如果你追求给予者，就算他不喜欢你，但只要你对他真心真情，久而久之，你就会成功。用死缠烂打的方式追求给予者是最容易成功的，因为他们属于顺从组。

给予者追求真爱。作为给予者的伴侣，你如果经常夸他，经常温暖他的心，经常做一些让他很舒心的事，他就会死心塌地地爱你。给予者很爱面子，你必须要给足他面子，比如当众说“你真好”“你真有爱心”，他就会觉得你是他的真心爱人。

给予者在情感生活上特别保守：一是谈恋爱、结婚都比较晚；二是感情很专一。在一般情况下，人到30岁就很少对爱情还抱有某种幻想，男女都一样，但给予者性格的人，到30岁了还在说找不到有感觉的人。其实，他们为人很随和、很温和，各方面也都很好，可就是被婚姻拒之门外。

给予者女人很居家，是可以相濡以沫、拿真心换真心、长久过日子的人。她如果不专一了，那只有一个原因，就是你伤了她的心。心被伤透了，她才会找下一个码头。

当然，给予者婚姻的稳定性得视给予者的伴侣而定。给予者很痴情，如果给予者的婚姻不稳定了，给予者一般是被伤得最深的那一个。对于给予者来说，只要是极有魅力，能够吸引自己且目标一致的人，都是能够长久幸福相处的。

对于自己心仪的人，给予者会根据对方的要求来塑造自己，完全忽视自我。但这只是第一阶段，一旦关系稳定下来，给予者内心的自我会苏醒过来，他会要求摆脱这种依赖性的束缚。这时，他有可能会做一些令伴侣失望的事情。

从总体上来看，给予者是理想的情人。他们无私奉献、不求回报，为你的快乐而欢笑，为你的痛苦而流泪，他们是忠实的朋友、亲密的伴侣，哪怕有时会因为付出没有得到回报而发点儿小牢骚，但很快他们又会乐颠颠地跑前跑后，是一种非常可爱的性格。

在九种类型中，给予者是最感性的，他们对爱的占有欲也是所有人中最强的。对于给予者来说，理想的爱情就要彼此完全拥有，希望和对方形影不离，如果对方没有这么做，敏感的给予者可就要采取行动了。为了达到控制对方的目的，他们可能会做出很多外人看起来出格的事情，例如，跟踪盯梢，偷看手机短信，限制与其他异性接触，甚至用死来威胁，等，很多分手后寻死的事情都是给予者做出来的。

这样做的结果就是很容易把伴侣吓得落荒而逃。其实，给予者没有那么坏，他们这么做的理由很简单，意思就是我的心里只有你，我付出了，就要得到回报。如果你爱的人是给予者，请不要伤害他们。

和给予者伴侣相处的技巧

那么，和给予者伴侣相处有什么需要注意的技巧吗？

1. 作为伴侣，要学会欣赏他们的“活雷锋”精神，千万不要冷嘲热讽。

2. 如果你想对他们提出建议，一定要选择委婉的谈话方式，否则就会爆发大战。

3. 尤其是对给予者性格的女性伴侣，对她多一点儿浪漫和温柔，偶尔给她一个热情的拥抱，在她耳边说句她对你有多重要。

4. 不要对他们的付出熟视无睹，多说一句“谢谢”会让他们付出得更有动力。

这里也要特别提醒一点：虽然给予者在爱情中经常扮演受害者的角色，但他们“见异思迁”的指数也是很高的。

喜欢用征服别人来证明自己魅力的给予者，很可能会为了新的“猎物”赴汤蹈火。尤其是当对方表现得很无助时，他们常常不自觉地就会受到吸引。最后用一句话来概括：陷入亲密关系中的给予者，可能是一个天使，也可能是一个魔鬼，其中的轻重缓急就要靠你自己去斟酌了。

同给予型人交往的狼道

给予者的交际特点

给予者以得到同事、朋友和亲密伴侣的赞许和维系彼此的美好关系为上。比方在工作中，他们费尽心思地讨人欢心，去支持当权人士，尽力谋求周边人的福利。如果老板“要”他们成功，他们就会成功。友谊和人际关系是给予者人生的重心，但是在长期的交往中，他们总是以别人的需要为先，不过他们的付出常常具有许多负面的结果。

由于要把每件事都做对，给予者在人际关系中历经了焦虑，特别是在提议似乎不管用时。更胜于此的是，他们常常有想象不存在的关系的倾向，也就是说他们会创造出幻想中的关系，却在真实情况感动他们时，陷入困惑与担忧之中。“我的思绪会缥缈而出。有时候我想得太远了，连自己都抓不回来。如果某个人能把我拉回来，真的会有帮助，但是我必须独处才知道自己需要的是什么。”

由于切断了自身的需要和渴望，而相信自己什么也不要，给予者会无意识地追求那些能靠真我的力量实现自身需求的人。

“这是我自己需要的一面，我不曾表达但我想要它，通过展现出人格的那个部分，来满足你的需要……”

作为给予者的朋友，对他们经常有种亏欠感，但是因为给予者不容易接受，也不承认自己强迫性的付出方式，所以使这个情况达到平等的可能性变得很小。

给予者很难轻松地处在亲密的人际关系中，他们时常被不易亲近的伴侣所吸引，例如长年旅行的人，或陷入三角关系，这样他们就不必随时为对方“效命”。他们活在把许多注意力投注于他人的日子里：“你是问我，当亲密关系出现时我真正的感觉吗？天知道！”

当亲密关系渐趋稳固时，给予者必须去克服当他们的需要被揭穿后，发现自己有所求的痛苦。“我的目的是帮忙，当这种需求逐渐消失时，我会感到巨大的失落。”

与给予者交往的技巧

那么，作为给予者，与他人交往时有什么注意的要点呢？

首先，不要害怕说出自己的需要和困难，告诉别人关于自己的事情，就像他们向你倾诉的那样。其次，不要刻意讨好对方，给予者没有低人一等，做真正的自己。再次，如果给予者的热情反而被人利用，使你们受到了不公平的待遇，要冷静地为自己争取应得的权利。

最后，别人也是一个成熟的个体，他们也有独立处理问题的能力与权利，你们要允许别人对自己的帮助说不，而不要觉得别人伤害了自己。如果你有一个给予者的朋友或同事，读了这些，你是不是对他们平时的表现和行为模式有了更深的理解呢？下面，提供几个接近给予者的小技巧，虽然很简单，但绝对相当有效。

1．如同上面说的，给予者最讨厌别人拒绝他们的好意。在他们的理解中，你不让我帮你，那么我以后有事情你肯定也不会帮我。如果你的确不需要他们的帮助，应该清楚地把你的理由告诉他们，让他们知道此时对你最好的帮助就是什么也不做，并对他们的热心衷心地表示感谢。

2．不要让你们的谈话总是围绕着你的问题，试着问问他们的情况，也许他们会表现得很扭捏，但他们其实很高兴得到你的关心。

3．不要小看他们的直觉，给予者的“火眼金睛”可以一眼看穿你是虚伪还是真诚，更不要用些自以为聪明的小伎俩，他们热心但并不傻。

4．对于他们的付出，一定要及时表达感激。感谢的话不要只留在心底，一定要大声说出来。给予者的人喜欢感谢，尤其是一些他用了心的事情。也许他会不好意思地说“没什么啦”，不过他内心会很开心。

5．不要轻易拒绝他们的好意。有时给予者会主动提出来帮助人，不要下意识地拒绝，只要可能，就接受他们的好意，只是要记得及时感谢。请记住，这是让关系进一步的过程。

6. 欣赏他们的慷慨、热心、善良，并表达出来。欣赏和赞美是关系的催化剂，给予者尤其喜欢别人喜欢他们。

7. 重视人情交往，不可急功近利。有来有往，能够为你们的关系加分。交往的主题可围绕人而不是事。给予者关注人多于关注事，所以多聊聊人，共同话题会多一些。

8. 可适当地给给予者一些“特权”的感觉。给予者最喜欢自己在别人心里重要的感觉！有时他需要的并不一定是折扣和优惠本身，而是你特别为他提供的折扣和优惠。平常的一些小礼物，也会随时给你们的关系加分。

给予者的特殊性格密码

给予者容易忘记、忽略自己，所以，他们的精力、体力总是会严重透支。虽然给予者毫无保留地对别人付出他们的爱心和帮助，但给予者并不是完全的无私无欲。他们付出爱和关注的同时，也希望得到别人的爱和理解。

给予者的性格缺陷

如果得不到对方善解人意的回应，他们就会很沮丧。

当上级布置工作时，给予者往往不愿意自己想，而更愿意接受上级的思想。在压力状态下，给予者容易变得暴躁、愤怒，并充满控制欲。如果给予者能够意识到自身的下列性格缺陷，可能会对他们很有帮助。

1. 总希望扮演另一个人，幻想通过不同的方式得到爱。

2. 对多个自己感到困惑："哪一个是真正的我呢？"

3. 在两性关系中不愿选择最好的对象，而倾向于第二位的对象。虽然也想和"最好的"在一起，但是害怕被拒绝，所以宁愿选择"爱我更多的那个人"。

4. 害怕没有真正的自我，害怕被复制，害怕模仿他人。在冥想的过程中，害怕身体的中心是一个空洞。

5. 失去了他人的保护后，就会产生强烈的不安全感，感觉生存受到威胁。

6. 相信获得认可与获得爱是同等重要的，相信独立将导致再也得不到爱。

7. 当寻求认可的习惯与逐渐浮现的自身需要发生冲突时，会突然大发雷霆；相信是他人在试图限制自己的自由。

8. 要求获得无限自由，拒绝对多样的自我做出承诺。

9. 被难以得到的关系所吸引，陷入三角恋，对于难以到手的目标，通过不断的追求来保持控制权，要求独享真正的亲密。

10. 一旦得到了真正的亲密，又没有经验去面对，对于真正的性需求和情感需求并不熟悉，需要花时间找到自己真正的感情，而不受他人影响，需要学会区分逢场作戏的爱情游戏和海誓山盟的真爱。

给予者如何调控自己

给予者需要清楚，自己的注意力应该从他人的身上转移开来，不要总是盯着别人，要多多关注一下自己。给予者可以通过下面的方法来帮助自己：

1. 不要把所有的注意力都放在他人身上。对于给予者而言，关系比一切都重要。因此，很多时候，为了获得良好的人际关系，他们会选择委曲求全，调节自己的需要来适应他人。表面上看，这是种大爱，但实际上，在意他人的需求而忽视自己，只会影响他们的心情和生活。

2．发现自己的控制欲。给予者是乐于助人的，是贴心的，但有些时候，他们这样做是为了操控他人。当他们认为自己的付出已经达到一定的程度时，他们的操控欲就显现出来了。如果他们巧妙提出的那些要求不被满足，或者得不到认同，他们可能就会做出与以往不同的事情，如故意冷落谁或者把事情做得很糟糕。

因此，作为给予者，要想调节自己的心理，首先就要承认自身控制欲的存在。认识自己对他人的真正价值，既不要过分骄傲，夸大自己的重要性，也不应该表现得过于卑微。

3．对别人付出前，先要看清楚对方是否真的需要。生活中，给予者盲目为他人负责的事常有发生。例如，有些母亲经常会对孩子说："多穿点，天冷。"但实际上，天气明明很暖和，孩子根本不需要穿很多。再者，她们常会让孩子多吃饭，可是孩子的食量不允许他们吃太多，面对孩子的拒绝，她们就会表现出一种暴躁的情绪："这么好吃的饭菜你就吃这么点儿，你要怎么样？"

4．关注"事"本身，而不是"人"。平时，给予者开朗豁达、乐于助人，但有一个前提：我对你怎么好都可以，那是我自己的事，你不能支使我。因此，他们在努力付出的同时，对周围的人和事也都是敏感的。任何一件让他们感受到不尊重的事可能都会激怒他们，甚至在一些大事前，他们也会表现得意气用事。

扫码听书 智能听读

第四章　三号实践型：有行动才会成功

实践者追求成功，重视名利，喜欢出风头，渴望获得鲜花和掌声。他们倾向于把人生看作一次赛跑，在这次比赛中他们要求自己必须有优异的表现。因为他们认为，一个人的价值是以他取得的成就和社会地位来衡量的。因此，他们往往是充满自信、喜欢竞争、喜欢做第一的工作狂人。

实践者都有啥特征

实践者的个性特征上表现出对希望的追寻，他们把希望寄托在自己的努力上，而不是去遵循众所周知的原则。

他们从小就表现得很能干，因为他们想要获得他人认可，想要维护自信。他们从小就忘记了自己的情感，一心要用出色的表现来获得他们需要的爱。他们努力工作的目的就是为了获得认可，成为佼佼者，在竞争中获胜。失败是他们极力避免的，他们认为，只有胜利者才值得拥有他人的爱。

内心的空虚让他们心里更看重个人成就的重要性。拥有一个成功者的形象说明他们付出了诚实的努力。

实践者的性格特点

实践者的形象总是非常现代。他们往往是社会上的成功人士。他们年轻有为、精力充沛、积极向上。与此同时，他们还具备了变色龙的性质，能够把自己装扮成任何社会阶层的典型形象。

他们可以是西装革履的管理者，也可以是勤劳贤惠的超级妈妈。只要他们觉得自己属于哪个阶层，他们就能够用行动把自己打造成那个阶层的杰出人士。

实践者为了获得外在的奖励而工作，他们往往不会考虑自己对工作的感觉。他们看重的是公司的名望、自己的地位。在实践者看来，自己的价值就体现在年薪的位数上。

他们从事的工作可能是相当枯燥的，但只要这个职位有一个迷人的名称，他们就能忘记枯燥。对他们来说，有事可做是最好的抗抑郁药。只要他们在不断忙碌的状态中，他们就没有时间感到沮丧。

实践者认为，自己的价值体现在出色的工作成绩上，所以他们往往会全身心地投入到工作中。他们能把想法立刻付诸行动，不会在思考和行动之间浪费时间。他们总是精力充沛，生活在快乐幸福之中。但是这种关注于个人成就的生活，必定会以牺牲内心生活为代价，让他们在情感和亲密感上出现问题。

许多实践者都没有意识到，他们这种不停忙碌的生活，妨碍了他们自身创造力的发挥，因为这种创造力需要把大量时间投入到自我身上和内心情感之中。

实践者的时间安排总是满满的。他们每天都在进行不同的活动，他们没有时间留给自己的感情。因为他们坚信你的价值在于你所做的事情，而不在于你是谁。在实践者看来，工作的确高于自我。他们的自尊建立在他人对工作结果的认可上，而不是他人对他们的喜爱上。他们的眼里只有工作。如果他们受到夸奖，他们会认为夸奖的对象是他们的工作成绩，而不是他们自己。

哪怕是表达爱意，实践者选择的方法也是行动。他们对家庭生活的感觉也是通过活动来体现的。一起旅行，一起打网球，一起讨论孩子的问题。实践者只关注活动和安排，而不会想到和家人在一起的悠闲时光。对于实践者来说，他们要让两性关系有效地运转，他们的婚姻必须“有用”。工作和收入永远都是重要的。

他们会从自己的各种成就中受到鼓舞，形成乐观的性格。失败当然是要尽力避免的，而且即便失败了，他们也会重整旗鼓，把失败变成更大的成功。他们宁愿面对竞争和最终期限，也不愿让自己在休息中无所事事。

他们一旦发现自己陷入“工作狂”的境界时，就受到神经质需求的驱使，一定要做得出类拔萃。他们会把全部的注意力放在手头工作上，他们仿佛变成了这份工作最理想的榜样，以至于他们无法把工作形象与真实自我区分开。

实践者总是把自己想象成胜利者并拥有相当的社会地位。他们注重外表形象，精于打扮。他们看上去往往比实际上更出色。

进化后的实践者能够成为有效的领导者、优秀的组织者、能干的推销者和胜利团队的领军人物。

实践者的个性特征

总而言之，实践者性格的主要特征包括以下几个方面：

1. 积极主动、能量强、效率高。对实践者而言，要有成就，就要不停行动，因此，他们获得成就的方式就是不停地工作和学习，并且，他们有很强的规划能力，对自己的工作、生活、感情以至整个人生都会做出一番缜密的规划。他们总是精力充沛，做事也很有效率，他们是不允许自己浪费时间的，因此，他们也很容易变成工作狂。

2. 注重形象。实践者是很要面子的，他们很注意自己在人前的形象，即使在家里穿着不太注意，但只要有外人在场或者出门，他们都会精心打扮一番，甚至会故意穿着奇装异服来吸引他人注意。

3. 喜欢挑战。实践者喜欢有挑战性的事物，尤其在工作上，他们喜欢创新、竞争，喜欢做第一。一旦周围的环境缺乏了挑战，或者他们失去了竞争的兴趣，他们很有可能炒老板鱿鱼。

4．喜欢学习。对于实干者而言，他们认为，要想竞争成功，就必须要突破自己，就必须要不断学习。因此，他们每天除了工作外，还得学习，学习各种能让他们达到目的的知识，而家只是他们暂时休息的场所。

5．自信十足。实践者是永不言败的，他们也是自信的，无论做什么事，在确保万无一失前，他们是不会轻易尝试的，以免削弱自己的自信心，也不想给人留下话柄。而当他们被人质疑时，他们会尽量给自己找借口，把事情的失败归结为外在的、客观的原因。从这里，我们也发现，实践者的投机性较强，还喜欢说谎。当然，对于他们自身而言，他们是不承认这点的。

6．不守规则，喜欢走捷径。对于实践者而言，他们的最终目的是获得某种成就感，而不是过程。因此，在做事的过程中，如果有捷径能帮助他们达到目的，他们是不会按部就班的。

7．逆境中的实干者可能会不择手段。逆境中的实践者会变得很急躁，急于成功，如果做不了有成就的事，他们可能会做一些不好的事情来吸引大家的注意力，也就是会变得不择手段。有时实践者会用一些微不足道的成就来自欺欺人，因为他们害怕没成就。

根据实践者的基本恐惧和基本欲望，我们发现，他们在性格上的特征是：渴望被人敬仰、爱面子、积极主动、好挑战、爱表现等。了解这些性格特征，便能帮助我们在人群中快速识别出实践者性格者，并帮助我们采取更进一步的交往策略。

追求结果的实践型领导

实践者的性格决定了他们在经过一段时间的努力后，很容易走上领导岗位。做领导也是实践者喜欢的事情。典型的实践者做起生意来，就像橄榄球场上的四分卫。他们会想方设法让球朝着正确的方向前进。这是商业进入迅速扩张期的一种典型领导方式，也是美国人的理想方式。

实践型领导的优点

实践者可以像变色龙一样融入任何环境中，他们的领导方式并不统一。一个实践者性格的日本人可能会选择典型的美国质量管理专家戴明式管理方式，对过程予以高度重视。

如果社会流行的是参与式的管理，优秀的实践者就会让自己成为此类风格的领导人。如果人们需要的是一个斗士，实践者就会义无反顾地冲进斗兽场。

一旦开始行动，实践者的视野就会变得狭窄，他们一心向前，对于反对意见置若罔闻。当一个人在全速前进时，是无法接受对自己的怀疑的。而且动力也驱使着你无法回头。专注于目标的实践型领导者会不断前进，除非有强劲的反对力量挡在了他们的道路中。

他们喜欢复制成功，也就是从已经成功的项目中提取现成的解决方案，然后迅速运用于新的目标。他们的成功在于他们能带来实用的结果。实践者常常会因为他们的领导风格而得到肯定。世界喜欢胜利者，大多数人也都愿意跟随一个有冲劲的领导者。

他们的方向和目标感很强，很多时候，我们不得不佩服他们敏锐的嗅觉。他们在工作上是有效率的，因为他们有用不完的激情。同时，在对自己和员工的要求上，他们的原则是：只许成功，不许失败。他们总是能带给员工很多正能量，令人充满希望。

他们懂得和所有人沟通，见人说人话，见鬼说鬼话，认为事比人重要。正是因为这点，他们一般都是社交高手，能做到左右逢源。

实践型领导的缺点

实践型领导是实力强劲的竞争者，他们的眼中只有既定目标，任何危险在他们看来都是可以处理的。他们会牢牢控制一切，甚至不择手段，铤而走险。当他们面对压力时，不是放慢步伐，而是会牢牢地控制一切，加速扩张。他们甚至不择手段，铤而走险。只要能第一个到达目的地，冒任何风险他们都不会在乎。

他们无法接受干扰，这让他们难以吸收新的信息或批评意见。实践者认为，任何人为了获得效率都会尽可能地寻找捷径去完成工作。这样的想法常常让他们忽略了质量控制的问题。他们关注的是数量，而不是质量。如果来自领导的最高指令是“做”，那么就不会有太多时间留给细节。

实践者期望所有人都和他们一样干劲十足，当工作受到干扰时，他们就会恼羞成怒。目标是关键，他们不在乎过程。当问题出现时，他们失去了耐心。工作被干扰的事实对实践者是一种威胁，这足以让他们把麻烦制造者赶出团队，或者抽身离开，为自己找一个更好的地方。

如果一家企业是按照实践者的领导风格进行管理的，这家企业往往会格外强调规模扩张。实践者会不断重复成功的模式，因为他们可以非常出色地执行已经熟悉的管理方法，但是他们并不善于创新，通常也不是拥有独创思维的人。他们擅长的是把已知方法用于新的环境，并进行出色包装。对他们来说，创新思维需要花费大量时间在构思想法和解决问题上，他们没有这样的耐心去探索。

由于实践者性格的上司为了达到目的会不择手段，有时还会因为工作伤了下属们的心。举个很简单的例子，当他们需要你帮忙的时候，会对你使出各种“哄骗”手段，甚至称兄道弟，而当事情过后，你再去和他们联络感情时，他们却对你的话置若罔闻，完全把你当透明人。这样的冷暖差异巨大，所以在实践者性格类型上司的手下工作会经常有被其利用的感觉。

另外，实践型管理者受性格影响，容易忽略过程中有可能出现的问题，弱化风险，忽略细节，不关注战略目标，在乎近期目标，过于渴望成就，喜欢自我夸耀，事情一旦成功就会夸大自己的功劳而忽略别人的付出。为此，实践型领导者应该关注管理细节，避免为了实现工作目标放大自己的性格缺陷。在工作中要努力做到身心合一，谨慎思考，重视团队合作，重视其他员工的作用，只有这样，才能使工作更上一层楼，取得更辉煌的业绩。

实践者的职场成功捷径

在工作中，有这样一些人，他们雷厉风行，似乎被上了发条一样有用不完的精力；他们很爱面子，总是有一股冲劲，总是愿意接受那些有挑战性的工作。倘若他们的努力没有得到上级的肯定，没有得到同事们的掌声，那么，他们一定会变得急躁起来。这样的人就是实践者，在职场，他们是一道别样的风景。

职场中的表现

那么，实践者在职场中都有什么表现呢?

实践者很喜欢挑战，在一片安静的职场环境中，他们是不适应的，他们更希望通过竞争来决定胜负，如果没有找到对手或者没有挑战性的工作，他们几天就受不了了。在与同事打交道的过程中，他们更希望自己能充当领导者的角色，让同事们能佩服他的能力。到了一种新环境下，他们为了让大家接受自己，会改变自己的形象和气质，以迎合所处的环境。甚至，他们完全不需要一个缓冲时间。

如果实践者从事销售行业的工作，那么，他们的业绩一定不会差。作为他们的领导，也会因为有这样的下属而欣慰，因为他们是典型的工作狂，他们会把自己的绝大部分精力都放在工作上。但正是因为实践者把所有的精力都用在追求成功上，所以他们无暇顾及自己和别人的感受，甚至不允许自己生病，因为这样太耽搁时间了。他们不仅仅和别人赛跑，也和时间赛跑。

适合的工作环境

实践者适合的工作环境包括那些通过长年打拼，逐步扩大规模的企业，这些企业里竞争和进取的工作氛围很浓。他们可以成为出色的经理、销售人员、传媒人士、广告人或者形象设计师。实践者还适合从事那些注重实干的工作，比如包装、宣传、市场推广。

实践者总是被那些能够让他们具有成就感的环境所吸引。他们喜欢具有发展空间的职位，比如企业的中高层领导。如果他们是政治家，他们会通过媒体推广和塑造典型的个人风格来争取更多选票。

不适合的工作环境

那些平静、没有生气、不注重实干的企业都不适合实践者。那些没有发展前途的工作、不能带来声望的工作、与他们的社会形象不相符的工作，以及那些需要通过不断反省和尝试才能完成的创造性工作都不适合实践者。小说家、严谨的艺术家都不是实践者想要从事的职业。其实，对于实践者员工而言，能不能获得一定数额的金钱上的回报并不重要，他们更在意的是他人的眼光。如果领导者给了他们荣誉，他们会继续努力、勇往直前。

职场上的实践者认为，要想获得尊重、认可，就一定要有成就，就要事业有成，就要努力工作，就要不断创新。他们的优点是有创新精神、有闯劲、积极主动、肯努力，而他们偶尔会为了获得自己想要的成就不择手段。

用实践行动追求爱情

一个人无论成功与失败，他的某些特质都会从性格上体现出来。比如，实践者寻找自己的终身伴侣时目标明确，他要求对方必须有特长值得他炫耀。只要有了他所需要的特长就行了，其他方面对他来说并不重要。

实践者的爱情特点

实践者主张快乐、积极地去爱，他们不会认识到自己对爱的认识是有局限性的。他们相信自己这种乐观做事的方式和其他人追求爱情的方式是一样的，他们的自信让他们混淆了感情的角色和真实的事实。爱就是在一起做事，爱就是一起创造财富、一起快乐。爱不是压倒一切的，也不是令人痛苦的。

实践者习惯了用实干取代感觉。他们需要在做事的时候看到对方的反应，并得到对方的认同。当他们的另一半为爱而欣喜或者为爱而悲伤时，实践者可能眼睛注视着对方，但心里却在想着其他一大堆要做的事情。当真实情感出现时，用做事去取代感觉要比审视内心发掘内心的空洞容易多了。

实践者宁愿去做些有用的事情，也不愿去考虑自身的感受。哭哭啼啼、唉声叹气的伴侣让他们感到害怕。大部分实践者会想："这可没什么好处。"即使是一点点的不满意也会导致焦虑。

一个关心爱人的实践者会想："我应该做得更快一点儿。是不是因为我做了什么，或者还有什么没做的？有什么做法可以弥补这个问题？我能赶快去做吗？"对于实践者来说，坐下来讨论这些事情是令人疲惫的。让他们不去行动，只去感觉，这会让他们产生压力。

实践者的婚姻追求

实践者总是想通过行动获得爱，所以他们甘愿为夫妻之间的相处做很多事情。他们愿意为家庭奉献。他们想要为夫妻双方争取地位。实践者拖着筋疲力尽的身体回到家中，他们不明白为什么他们的付出得不到欣赏。

在实践者看来，亲密生活要有画册里的品质：可爱的夫妻、理想的家庭、等着他们去学和去做的事情。发展家庭成员的兴趣，养育健康的后代，让生活过得有模有样，这是对他们极大的个人奖励。

渴望收获的实践者会把恋爱当作一项活动。爱情成了一种良好生活的表现。为房子要做的事情，为孩子要做的事情，为爱人和自己要做的事情，都会被安排在实践者的活动表上。

伴侣会以为实践者做这些事情都是发自内心的，实际上他们被实践者的表现蒙骗了，他们不知道实践者有变色龙的本领，能够在情感上玩角色扮演的游戏，并常常把角色与真实混淆。

当逐渐成熟的实践者突然停止行动，把注意力转移到内心时，他们往往会大吃一惊。他们就像迷途的羔羊，找不到自己的感觉。这时，他们的真实感情开始浮现，他们遭遇了情感生活的转折点，他们的情感关系就要面临考验。

当实践者确定自己的角色是恋人时，如果情感关系破裂了，他们会认为是角色被拒绝，而不是他们自己。那些能够自我观察的实践者知道他们和他们身上所扮演的角色是不同的。当他们身处一个安全的环境中，能够从角色中走出来时，更秘密、更个人的自我形象才会表现出来。如果实践者图钱，那他就会找一个家里很有钱的，就算对方容貌一般，各方面也一般都没关系。如果实践者本身很有钱，他图的是美貌，那他就会找一个非常漂亮的，即使是“花瓶”，他也不在乎。如果实践者想找一个个子高的，那不管其他方面怎么样，只要个子高就行。如果实践者是暴发户，赚了很多钱，但由于小时候家境不好，读书不多，那他肯定想找一个高学历的，恨不得能找一个博士。如果实践者什么都不缺，他可能会找明星、名人。也就是说，实践者的对象必须在某方面有值得他去炫耀的东西。实践者说：“我一定要明白我图什么，只要我找到了自己有利可图的就可以了。”

学会与实践型人打交道

在我们生活的周围，可能生活着各种各样性格的人，当然也会有一些实践者性格的人，实践者性格的人的典型表现有：做事讲求效率，有些人还会为达到目的而不择手段，不顾自己与别人的立场。

与实践者交往的注意事项

这种人不重视自己的感情世界，他们为“成就”而活，没有多余的精力关注人际关系。可能很多人认为，与实践者性格的人打交道，我们会被忽视，会被打压，因此，与实践者性格者交往，会让很多人感到不知所措。其实只要我们能掌握他们的性格和行为特征，然后对症下药，便能找到与他们相处的一些诀窍。

1．了解他们内心诉求什么。对于实践者而言，他们最在意别人对自己的看法，也就是形象问题，这里的形象，不仅包括他们的衣着、服饰，还有他们的能力、成绩等。他们所有的动力都来源于别人的肯定，因此，在与实践者沟通的过程中，如果我们能从这一点激发他们，那么，一定会事半功倍。

另外，我们在请求实践者性格者办事的时候，千万不能贬低他们，更不能拿他们同别人相比，或者在言语中流露出批评之意，说对方工作没做好。如此一来，肯定会挫伤对方的积极性，影响他们发挥潜力干好自己的工作。

2．告诉他们怎样做可能会有助于他们获得更好的结果。如果你让实践者做一件事，相信他一定会问你："那我从中能得到什么？"所以，你不妨直接对他说，他这样做能获得什么。而对于他们的"报酬"，如果能和荣誉、面子有关，那么，对方更愿意效劳。

3．直接告诉他们你的感受，因为他们有时会忽略别人的感受。实践者性格者经常会把所有的精力放在追逐成功上，他们很容易忽略周围人的感受，对此，你不妨直接向他们坦白你的感受，而不是指望他们能主动关心你，或考虑到你的感受。

4．关心逆境中的实践者。处于逆境中的实践者，往往比其他性格者更容易受挫。因为他们所有的坚强都是拿成就做掩饰的，一旦这层掩饰的外衣被剥去以后，他们内心的脆弱就会显现出来。而假若我们能关心他们，给他们人性化的关怀，是能帮助他们认识到"情感"的重要性的。

与实践者交往的策略

在与实践者打交道时，我们需要根据对方的心理动机采取交往策略。具体来说，这些交往策略是：看到他们内心的诉求，多给予赞赏和认同，帮助他们认识到自己内心的感受，提高他们感受幸福的能力等。虽然实践者的人社交经验老到、能讨同伴欢心并激励别人，但是人际关系对他们而言是个困难的领域。"不带目的"的友谊，而只是"同在一起"的前景，会让他们陷入焦虑和慌张。

"经营人际关系几乎就像把事情完成那样。麻烦在于，人际关系并不是固定的东西，没办法生产最后的成果。"

实践者的人际关系似乎仅仅表现在工作上，而发生这种关系的目的主要是为了共同把工作完成。如果某个工作关系看起来有麻烦，实践者会去解决它，好让工作得以继续。

他们有些人对别人的回应相当敏感，有些却连别人生气了也没注意到。虽然他们可能轻易地击败对方而达成目的，而且“因为不想分享我的感觉，人们会觉得我是一个冷漠、只讲求效率、和他们保持距离的人”。为了衬托这个形象，私人的关系也会变成工具，所以对某些实践者来说，努力做好，并发觉可让事情奏效的做法，才是有价值的。“我在人际关系中寻找自己扮演的角色，当我找到时一切都好办，因为我一定办得到。”

在人际关系中，实践者往往只扮演符合自己的形象，却很难了解伴侣的感受。他们的伴侣要求更多的感情和更多“共处”的机会。但实践者把注意力只放在他们正在营造的形象上，这样伴侣就会感觉被丢在一旁、不受重视，认为自己是对方形象下的附属品。

“他们要我做什么呢？如果她说她不快乐，我愿意去洗衣服、买花、整理壁橱……只要告诉我，我做错了什么。”实践者常常会发出这样的抱怨。事实上，在家庭生活中，实践者为两性关系带来了活力、乐观和主动，尽管他们可能老是感觉到这种关系会结束，但是因为实践者超强的行动力，他们的家庭总是比较幸福美满。

给实践者性格上的忠告

实践者的主要缺点

每种性格类型的人都有自己的性格缺陷，追求成功的实践者也不例外，实践者的性格是大开大合，成绩很显著，缺点也突出，如果你是实践者，对以下这些局限应该警醒：

1. 唯才是用，不计后果。在实践者的眼里，人只有两种：有价值与无价值的。他们坚信：不管白猫黑猫，抓到老鼠就是好猫。因此，只要下属工作能力强，实践者就会忽略这个人的品德等其他方面，选择重用他。相反，如果一个下属工作能力较差，实践者又缺乏深入了解其内心世界的耐心，就会干脆地放弃他，甚至是找能者代替。这时的实践者容易给人自私、不近人情的恶劣印象。

2. 急功近利，自恋自大。实践者过于关注结果，容易忽视过程，因此他们做事情总是急功近利，而且会为了摆脱眼前的状况，不顾未来的利益，看似当时得利，实则导致了最终的失败。

实践者自视极高，总是把自己看成举足轻重的关键人物，当确实获得一定成就后，他们就容易自信心膨胀，出现自恋、自负的倾向，从而使他们看不到自己的缺点。

3. 不择手段，追求成功。实践者的形象是多变的，他们喜欢根据所处的环境来改变自己的角色，维持自己受人赞赏和羡慕的成功者形象。在这样不断变换形象的过程中，实践者常常忽略了真正的自己。

为了获得成功、声望、财富等，他们往往会走捷径，甚至破坏规则，采取一切手段，只要达到目标就行。许多时候，他们甚至会为了追逐成功而牺牲自己的情感婚姻、家庭和朋友。

4. 忽视感情，不重亲情。由于实践者注重成就，因此他会透支自己的精力、身体，甚至人际、家庭关系等，他人会产生被实践者忽略的感觉。

5. 害怕面对失败打击。实践者认为，地位是评判一个人成功与否的重要标准，因此他们十分看重荣誉、头衔，并努力获取更多的荣誉和头衔来升高自己的地位。实践者害怕失败，因此他们喜欢做必胜的事情，而不愿意冒险去做成功概率较低的事情。当实践者遇到一些经过努力但仍然没有得到解决的问题、困难时，他们会非常烦躁和沮丧。

6．狂热工作，无视健康。实践者有着天生的优越感，认为别人不及自己优秀，因此他们总喜欢亲力亲为，重要的事自己做，不善于求助和利用团队的力量。实践者认为工作是实现成功的重要方式，因此他们全心全意投入到工作中，每天从早忙到晚，无视家庭和个人健康，一味地追求工作所带来的金钱、成就感及荣誉，将自己变成了一个彻头彻尾的工作狂。

给实践者的忠告

生命里，每个人都渴望真实，渴望真实的自我的回归，而这些恰恰是实践者最缺乏的。他们拥有了一切，但似乎却又不是他们真正想拥有的。我们先来听听一个实践者的自述："我从小读书就很好，但并不是我真的很爱学习，但我知道读书是我唯一的出路。我告诉别人我有很多的好朋友，他们都是别人都很想认识的商界精英，和他们接触可以让我学到很多，所以我努力维持着和他们的良好关系，虽然有些人真的让我看不惯。我想成为别人注意的焦点，但我又怕他们了解到真正的我，我并不是像我说的那样幸福美满，我心里也有很多的痛苦，但这些事情怎么能让别人知道……"

就像前面讲到的，实践者自恋、炫耀，他们倾向于把自己最好的一面展现出来，甚至会为掩饰自己的不足而撒谎，以求自己的形象永远高大。他们看似很好接触，但当你试图进入他们的内心，他们马上就会飞快地逃开。

如果你是这样一个骄傲的实践者，希望你牢记这样的真理：

失败和弯路都是人生的至宝，脆弱的你一样很了不起。不要一直活在别人的目光里，更不要把他们的标准当成自己的奋斗目标。你们是最有自信、最有能力的人，为什么不把快乐的权利掌握在自己的手中呢？

要知道，名利如浮云，它们是成功的象征，但不必把它当作生命的全部。世界上没有十全十美的人，有点儿小缺点，会让你看起来更有人情味。另外，过度的炫耀可能会招致别人的反感和敌对，收敛一下自己的光芒，当你有了成就，即使你不说，别人也会注意到，低调的华丽有时更会显出你的人格魅力。

曾经学过一首诗，里面有这样两句，“至今思项羽，不肯过江东”，其实换个角度来看，失败并没有那么可怕，可怕的是你没有勇气去面对。逃避是弱者的行为，勇敢一点儿，也许就是“卷土重来未可知”。所以，最后再给实践者几句忠告：忠于自己，明白名利背后的真正含义，名利是你利用的工具，不要让自己成为它们的奴隶。

智能听读 扫码听书

第五章　四号浪漫型：感性人生最浪漫

浪漫主义者感情丰富，神经细微，情绪多变，易于被生命中负面的经历吸引。他们对自己和他人的情绪十分敏感，也分外在意，喜欢自我疗伤，有时觉得所有的人都不理解他们。但他们也有积极的一面，他们心地善良、真诚坦率、自觉、创造力极高。

浪漫型的人特征是啥

在九型人格中，4号是典型的浪漫主义者性格，他们是天生的艺术家。他们容易被真诚、美、不寻常及怪异的事物吸引，会翻开表面以寻找深层的意义，他们对关心的事物表现出无懈可击的品位，他们凭情感的喜恶去做决定，最好的事物总是最能轻易满足他们。

在别人眼中，他们可能像感情强烈及浮夸的悲剧演员，或是爱管闲事而刻薄的评论家。然而他们在最佳的状况时，是兼顾创意和美感的人，每天过着热情的生活，并表现得优雅和品位不凡。

浪漫主义者的特征

大量研究表明，浪漫主义者有如下特征：

1. 内向、被动、多愁善感，感情丰富，表现浪漫。

2. 关注自己的感情世界，不断追寻自我，探索心灵的意义，追求的目标是深入的感情而不是纯粹的快乐。

3. 带有忧郁感，被生命中的负面经历所吸引，特别易被人生哀愁、悲剧所触动。

4. 能够感同身受，对别人的痛苦具有深层且天然的同情心，会立刻抛开自己的烦恼，去支持和帮助在痛苦中的人。

5. 被遥不可及的事物深深吸引，把一个不存在的恋人理想化。

6. 一旦爱上一个人，会表现得特别缠绵热烈，会刻意用各种方法引起伴侣的关怀，或利用离离合合的手段，借以掌握关系中的主导权。

7. 拥有过人的创造力，希望创造出独一无二、与众不同的形象和作品，在个人生活及工作上喜欢用各种方式表达创意。

浪漫主义者的性格分析

浪漫主义者的内心是经常变化的，这一点我们能从他们的服饰装扮上看出来，他们的衣柜里有各种风格的衣服。如果是男士，他可能今天穿得很正式，明天又是一身嬉皮士装扮，大后天又可能打扮得很休闲。如果是女士，她今天可能一袭长裙，十分淑女，明天就有可能身着性感的吊带衫，后天也有可能穿着尽显神秘的森女服。他们之所以如此多变，是因为他们的内心是丰富的，今天，他们觉得自己是这种类型的人，但明天他们就可能觉得自己是另外一种类型的人。为此，在选择服饰上，他们也会根据当天的内心感受而选择。

浪漫主义者之所以内心如此丰富，之所以经常情绪化，就是因为他们是敏感的，周围发生的一切都可能触动他们的神经。为此，作为他们的朋友，可能我们经常感到莫名其妙。但这就是浪漫主义者，看到什么、听到什么，都会引起他们内心的变化。

然而，浪漫主义者也是敏锐的，他们的直觉有时候还会帮助我们躲过灾祸。

浪漫主义者对应的4号是九个号码中最浪漫的号码，他们忠于自己的感受，高兴就是高兴，不高兴就是不高兴，从不隐瞒自己的情感。

浪漫主义者是内向的，他们不喜欢找人倾诉，他们一般会找个安静的地方自我疗伤。也许有一天你会发现，你的一个浪漫主义者性格的朋友已经不在人世了，你也不要奇怪，很可能他无法走出过去的伤痛而选择了一条不归路。

可以说，浪漫主义者之所以成为悲情浪漫者，就是因为他们享受痛苦。很多时候，我们发现，他们的脸上都挂满了忧伤，也许在我们看来，并没有发生让他们忧伤的事。

浪漫主义者喜欢关注自己的感情世界，尤其喜欢关注自己的爱与失。在他们看来，只有当两颗心相遇时，产生了爱，他们才会感到自己是完整的。否则，他们则是残缺的，他们会因为自己的残缺而感到痛苦，这种痛苦主要表现为忧郁。

但浪漫主义者并不以忧郁为苦，反而认为这种因缺失而产生的忧郁具有强大的吸引力，促使他们用情感填补内心的空缺，并与他人建立联系。

总之，浪漫主义者过于关注自己的情感，使得他们对情感中的快乐和悲伤有着强烈的独占心理，因此当他们看到别人在享受他们渴望的快乐时，嫉妒之心就会油然而生，如同插在心口的一把尖刀。这种嫉妒心理会推动着浪漫主义者去寻找他们认为可以让人快乐的事物，比如金钱、独特的生活方式及公众的认可等。

风格理想化的浪漫型领导

浪漫型领导的性格特点

浪漫主义者也是理想主义者，他们的人格有完美主义倾向。所以，很多时候他们是非常“自恋”的一种人，他们感觉有必要去吸引其他人，以获得别人的认同和赞许。

浪漫型领导，在领导方式上，往往会树立独特的个人风格。这种风格不仅仅表现在外表上，而且也常表现在独特的办公态度上。如果你的上司是位浪漫主义者，你就有必要了解一下浪漫型领导的这些风格，以便在工作中发挥自己的最大价值。

1．工作作风独断专行。浪漫主义者适宜的工作环境是需要有大量创意及突出个人风格的地方。浪漫主义者的管理方式独特，有品位，多变化。到浪漫主义者的公司去，一进门就会有一种独特的气氛扑面而来。

独断专行是浪漫主义者的另一个特点。浪漫主义者总认为，如果自己的创意让别人参与，就显示不出其独特性，所以在有关创意方面，他们总是显得非常专横，不容别人提出任何异议。但是，执行或发布详细量化的指标对浪漫主义者是一个很大的挑战。

有一个人在与一个浪漫主义者商量如何制订一个多媒体计划，这个浪漫主义者劈头盖脸就说："我的作品是不能被修改的，在艺术风格上，我必须完全掌控。"

所以，在很多时候，他们为了追寻一个无懈可击的梦想，往往会将金钱、利益等看成并不重要的细节，完全搁置在一旁。对浪漫主义者来说，"真正地活着"意味着充分、不寻常地体验生命。所以，他们往往会有很多创意，而且"表演欲望"会比较强烈。

他们的管理方式是独特的，在对企业和市场的定位上，他们有敏锐的嗅觉。在管理企业时，他们会表现出一定的情感倾向，对于那些自己喜欢的人，他们会支持，反之，就不会重用。在他们感觉良好时，是个很有魄力和能力的领导者，能取得让人惊叹的成果。

很多时候，浪漫型领导会显得反复多变，可能一会儿决定做这件事，一会儿又决定做那件事情。也因为这个原因，浪漫型领导往往会给人一种优柔寡断的感觉。

所以，当浪漫主义者的领导交代你做一件事情的时候，你千万别急着去做。因为可能在你忙了半天之后，他会告诉你，这个计划他已经取消了。因为浪漫型领导是情绪化的、变化无常的，此刻，他们下达的指令是这样的，但不到十分钟，他们可能就会下达另外一条完全不同的指令，而这会让他们的下属感到无所适从。

2．对待下属感情用事。他们是贴心的，即使不和员工打成一片，也能了解员工的心情和感受，尤其是当员工遇到不好的境遇时，他们会关心员工。虽然浪漫主义者不会锦上添花，但绝对会雪中送炭。

浪漫型领导很在意下属的感受，如果你的心情不好，他会主动地和你沟通，开导你。但反过来，一旦他们遇到问题，他们是不愿意对人倾诉的，是让人难以琢磨的领导。

他们的情绪起伏不定，就像波涛汹涌的大海，一会儿是浪尖，一会儿是低谷，很难让人琢磨。所以，面对浪漫型领导者要小心翼翼，千万不要和他硬碰硬，否则，吃亏的肯定是你自己。

他们对下属的使用一般不是很理智，会支持感觉好的一方，会出现冷热不均的情况。还由于他们不能很清晰地表达对员工的要求，导致员工无所适从。

与浪漫型领导的相处方法

浪漫型上司关注自己内心的情感变化，因此他们往往极其敏感，较为情绪化。而且，因为浪漫主义者追求独特，他们的情感表达也往往不同于常人，因此人们很难猜透浪漫主义者的心理。

1．多和浪漫型上司进行情感交流。人们在面对浪漫主义者时，容易产生种探险的刺激感，因为你永远不知道你面对的是鲜花，还是地雷。这常常使人们感到极大的不安全感。解决这个问题的最佳办法，就是多和浪漫主义者上司进行情感交流。了解他们对美好和悲伤的判断标准，就能够更好地理解、掌握浪漫型上司的情绪化，从而减轻浪漫主义者对自己的负面影响。

当然，如果你能够针对浪漫型上司的情绪进行情感上的交流，以知音般的言行来安抚他们低落的心情，了解他们低落心情背后所经历的事件，针对这些事件给出客观的、冷静的分析以及建议，让他们因此产生一份被怜爱、被理解的感觉，并把你视为知心朋友，他们便会集中精力聆听你在工作上的想法，并积极主动地支持你帮助你完成工作。

在和浪漫主义者上司交流感情时，不要泛泛而谈，不要以为简单的一句“我理解您”就会给他们好感。只有真的帮助他们处理情绪、解决事件才能够得到他们的信任，并让他们因此全面支持你的工作。

2．努力工作，无惧浪漫型上司的情绪化。浪漫主义者总是倾向于在极度的抑郁和极度的亢奋中生活，他们的生活也确实是跌宕起伏的，或者是在悲喜两个极端之间摇摆不定的。他们的情感大起大落，能把爱变成恨，把激情变成冷漠。当你面对这样的浪漫主义者上司时常常会受到他们负面情绪的影响，变得消极起来，没有工作效率，在很大程度上阻碍自我的发展。

要避免自己被浪漫主义者的负面情绪影响，不仅需要多和浪漫主义者上司进行情感交流，帮助他们找回积极乐观的情绪，更需要自己有着极强的情绪控制力，执着坚定地做好自己的工作。

众所周知，乌龟在遭受到外力干扰或进攻时，便把头脚缩进壳里，从不反击，直到外力消失之后，它认为安全了，才把头脚伸出来。面对情绪化的浪漫型上司，人们可以将自己当作一只乌龟，缩起自己的不满和冲动，任其指责和批评，直到上司的负面情绪得以发泄。这种做法或许显得有点儿懦弱可笑，但是从摆正心态的角度理解却是聪明而正确的。

另外需要注意的是，不要陷入浪漫型上司的情绪里面去，因为虽然他们会不断地发泄情绪，但他们仍旧会继续关注你在工作业绩上的表现，所以出色地完成工作是应对他们情绪化的最好方法。

3. 与浪漫型上司关系不能太亲密。浪漫主义者喜欢关注个人的情感世界，因此浪漫型上司不仅会关注自己的情绪变化，也喜欢关注下属的情绪状况。他们喜欢和员工进行情感交流，并因此而成为关系亲密的朋友，这就容易导致他们很难分清工作与工作之外的关系及时间的区别，甚至出现本末倒置的情况。他们会将工作、生活杂糅在一起，往往给人一种为人处世过于情绪化的感觉，让人无所适从。

然而，一旦浪漫型上司和你构建起一份亲密的朋友式的关系，他们就会以这份关系为由，认为你一定会支持他们的所有决定和想法，因为你是朋友，肯定理解他们想法或决定背后的意思。这常常将你也带入他们负面情绪的旋涡之中，无辜地承受许多痛苦。

要想在竞争激烈的职场中更好地保护自己，一定不要将工作上的事情和生活中的问题牵扯到一起，尤其不能在对待上司时公私不分。因为当你和上司距离近了，彼此的了解也就多了，你可能会知道上司生活中的一些隐私，这很可能在无形中对你的上司造成了威胁，导致他们刻意压制你，以提醒你保守秘密。

此外，和上级的亲密接触往往会暴露你日常生活中别人不易察觉的弱点，这些弱点可能成为你事业发展的障碍。而且，每个上司都不喜欢被别人看成是只提拔“亲信”的人。因此，对浪漫型上司尽量保持中立的态度，不过分亲密，才是应对他们情绪风暴的最佳策略。

4. 对浪漫型上司，不能“令行禁止”。浪漫主义者十分敏感，外界任何细微的变化都可能对他们的情绪造成极大的影响，在情感方面总是反复无常。在工作中，浪漫型上司也是如此，不停地受外界影响，不停地改变自己的决策。他们这种反复无常的行为对员工的工作常常造成极大的困扰，极大地浪费人力资源和物力资源。

工作中，浪漫型上司就常常像个善变的女人，做了一个决定，不久后推翻，再做一个决定，不久后再推翻，再做一个决定。浪漫型上司往往是根据个人的感觉或情绪来做决定，这往往是靠不住的，因为个人的感情和情绪很快就会发生变化。

而且，浪漫型上司的感觉或情绪发生了变化，他们就会修改决策，然后吩咐手下人去做。对于积极执行浪漫型上司命令的员工来说，看到自己的付出一次次被否定，实在是莫大的痛苦。

因此，在面对浪漫型上司时，不要追求“令行禁止”的效果，而要放缓你执行命令的脚步，这样才能跟上浪漫主义者上司的“步伐”，也不至于使自己做无用功。

但是，对于浪漫型上司的命令，也不能直接拒绝，而要采取“急答应，慢行动”的步骤，临行动前再请示一下。也就是说，当你接到浪漫型上司的命令时，应该采取嘴上虽然答应，但并不行动，而是静静观察一段时间的策略，如果没有变化，则要再请示一次，说不定这个时候他已经改主意了。

浪漫主义者的职场行事

浪漫主义者的性格特点

身处职场，我们的身边可能会遇到许多浪漫主义者，如果我们能够了解他们的心理表现，读懂他们的性格特点，那么，我们就能采取适当的应对策略，更好地与他们相处。

一般来说，许多浪漫主义者在职场有如下特点：

1. 很难与比自己更能干、更有价值、薪水更高的人合作共事。

2. 喜欢与众不同的工作；对那些需要创造性，甚至需要天赋才能完成的工作非常感兴趣。

3. 他们喜欢追求最好的效果，绝对不会轻易放弃自己的观点，或者向他人妥协。

4. 工作效率和情绪紧密相连；当感情生活出现问题时，工作效率就会很低，甚至会因为爱情而毁掉自己的职业生涯。

5. 许多许多浪漫主义者的生活重心不在工作上，而在对艺术的嗜好上，他们会在从事一份工作的同时，还进行其他的艺术创作。

6. 个人的观点和想法在工作环境中必须受到尊敬。

7. 在工作中时刻处于竞争状态，对竞争对手保持敌对态度。

8. 希望与工作领域中有特殊地位的权威保持联系，关注工作领域之外的成功人士。

9. 觉得自己认为的平庸工作会贬低自己的价值；对平庸工作的判断标准因人而异，可能是当清洁工，也可能是做CEO。

10. 如果违背权威将受到惩罚；在破坏所有规则后，想方设法溜之大吉，享受这种“侥幸逃脱”的感觉。

11. 为了获得领导的赏识，许多浪漫主义者会和同事们竞争，团队合作意识不够，如果没有被领导认可，他们会怀恨在心。

12. 他们讨厌日复一日、一成不变的工作，也不愿在没有创意的环境下工作，除非这份工作能够帮他们实现理想。

13. 难以接受别人的批评，这种情绪甚至会恶化成忧郁和古怪的习性。

浪漫主义者适合的工作环境

浪漫型员工擅长提供个性化的意见，或以独特的思维方式开发特别的产品，所以，容许大量创意和突出个人风格的工作环境是最适合浪漫型员工的。他们可以成为画家、室内装潢设计师、古董收集者和高品质二手商品交易者，还可以成为舞蹈演员、歌手、杂志模特等。

浪漫主义者喜欢能帮助他人摆脱痛苦和危机的工作，比如心理治疗师、救助热线的接线员、动物权益支配者等。

如果某些权威人士符合浪漫主义者心中的精英形象，他们就会对这些权威人士非常尊敬，并跟他们保持密切联系，希望能从这些优秀人才那里获得指导和帮助。他们会成为世界顶级钢琴家的学生，还会与那些性格怪僻的天才成为知己。

浪漫型员工最排斥的就是无法展现他们才华的、刻板枯燥的工作，比如打字员、文员、校对等等。所以沉闷的办公室不会是他们理想的工作环境。除此以外，由于4号型人心底里的竞争性，他们也不适合和比他们更富有、更有才华的人一起工作。

要与浪漫型员工产生共鸣，而不是试图去帮助他。如果你是他们的领导，与其直接告诉他解决方案，还不如给他自我表现的机会。清楚地表明你对计划的承诺，吹毛求疵只会令浪漫主义者员工避而远之。

用感觉恋爱的浪漫主义者

浪漫主义者的情感特点

“距离产生美”最适用于形容浪漫主义者的爱情。在情感中，他们总是有意无意地把自己的注意力放到远方，可能是过去，也可能是未知的将来，总之是那些他们难以得到的感情，因为他们总是对遗失的感情更难以忘怀。

因为得不到，所以他们总是会把它们想象得很美好，所以他们宁愿关注遗失的美好，也不会更珍惜拥有的情感。

浪漫主义者渴望得到爱，但不会像渴望的那样去欣赏爱情。他们会把大量的注意力放在等待爱情、追求爱情上面。但当他们一旦得到这种感情，他们又开始因为两个人的生活琐事破坏现有的感情，让自己陷入另一种“我爱他吗”“他让我受到伤害怎么办”的恶性循环中去。他们总是将感情放得很大很大，以至于忘却了他们最本质的感情。

“不在乎天长地久，只在乎曾经拥有”，浪漫主义者寻找的是灵魂伴侣，他们完美的恋人就好像幽灵，有着患得患失的遗憾，越是让他们得不到，才越能让他们觉得美好。

一个遥远的只能电话联系的朋友，有时候要比天天生活在他们眼前的朋友更能激起他们的兴趣。就好像没有实现的梦想会让他们为之激动、奋进，一旦这个梦想实现，那么就和一碗大米饭的感觉没什么两样。

浪漫主义者因为天生的浪漫情怀，所以总是讨厌一成不变的东西。生活的乏味使他们厌倦已经得到的感情，天生的抑郁情怀也总是很容易让他们在与人相处的过程中更多地注意负面的情况，所以这让他们更容易在折磨中对已有的感情感到痛苦。天长日久，他们就会自然而然地选择疏离，选择退回到原来的距离。

浪漫主义者会把大量的注意力放在等待爱人出现的准备工作上。就好像眼前的一切仅仅是在为未来做准备。在未来的某个时刻，他们会被真爱唤醒。如果现实中的他们并没有陷入亲密的两性关系，那他们会把大量感觉投入到未来的约会中。

如果他们已经陷入亲密的两性关系，他们会选择从这种关系中脱离出来。为了享受未来重逢的美好，浪漫主义者总是习惯性地注意现实的负面因素，他们的两性关系往往很受折磨。

当他们关注眼前的情况时，那些不希望出现的负面因素总会特别显眼，但是当爱人位于遥远的地方时，他们身上那些不那么美丽的特征也就看不见了。

浪漫主义者的情感生活

对于浪漫主义者而言，他们的内心是十分丰富的，他们追求独特，他们寻求自我认同，对人若即若离，却又依赖支持者。

无论是男人还是女人，可能都喜欢有情调的异性，这样，日子会有趣很多。而浪漫主义者就是有生活情调的有品位的人。

但他们只关注自己的世界，将精力集中在自己身上，这就意味着他们没有多余的精力来打造你的生活，更没有那么多的精力来注意你的需求。与他们初次相识，人们可能会被他们的与众不同所吸引，但是经过相处后，就会对他们感到失望。

对于感情，浪漫主义者最注重的是感觉，因此，即使有了恋爱关系或结了婚，他们也不会安于现状，而是继续追求感觉，一旦感觉没了，他们会随时与你宣布恋爱或婚姻关系的结束。他们是“好新鲜的”，和你相处一段时间后，会认为你是庸俗的而离开你，然后他又开始思念，于是，他与你的关系也就会分分合合。他们的爱情也总是如狂风骤雨般激烈，好像从来没有不温不火。

他们对待伴侣也是若即若离的，偶尔会扮演受害者的角色，所以，他们会受尽爱与被爱的煎熬。

浪漫主义者相信在爱的过程中，他们将找到真我，内心的戏剧变化将逐渐消失，他们会变成一个简单而满足的人，能够感受到生命的完整，不再有其他奢求。但是为了获得这种完满的感觉，他们的注意力必须首先放在现实生活中。他们必须学会发现眼前的美好，然后知足地接受现实。

从积极的方面来说，浪漫主义者希望他们的爱情能保持激情。当感情出现危机时，他们能够与他人共渡难关，不会因为强烈的情感变化或者他人的伤悲而放弃。他们理解两性关系的美好，他们知道人是会随着时间而变化的，也愿意接受情感发展的不同阶段。他们愿意从头开始，也愿意把过去的不愉快全部忘掉。

从消极的方面来看，他们有很强的嫉妒心，喜欢拿自己的所得与他人的所得进行比较。他们相信自己伤心的原因是他人对自己忽视。如果他们受到了伤害，他们会埋伏起来，伺机报复。

所以，保持感情的新鲜感和距离感，往往比一味对浪漫主义者关爱要重要得多。在生活中时不时地为浪漫主义者制造点儿小浪漫、小激情，在浪漫主义者显现出厌烦情绪的时候，远离他们，给他们一些独处的时间，是治疗两个人感情裂痕的良方。

与浪漫型人交往的“《圣经》”

浪漫主义者的心理特点

浪漫主义性格者是独特的，他们有以下典型表现：追求独特，讨厌平凡，个性偏执，不甘于脚踏实地的生活，容易逃避现实。正因为这些独特，生活在他们周围的人会觉得他们根本无法相处，从而孤立他们。

即使浪漫型人格的人很注重人际关系，甚至于把此当作生活的重心，但处理起来却很混乱。假如你是他们的朋友或伴侣，长年累月和他们生活在一起，恐怕也难以确切知道如何和他们建立良好的关系。

他们的情绪性非常严重，心理活动带有独特的感情色彩。他们的情绪产生与自己的切身需要或主观态度密切相连。当代心理学认为，情绪活动不同于认识活动，它不是对客观事物本身特性的反映，而是对客观事物与人的需要之间的关系的反映。

凡是与人的需要有关的事物，由于对人有着一定的意义，必然使人对之产生一定的态度，并以带有某些特殊色调的主观体验或内心感受的形式表现出来。

例如，有些事物使人喜悦快乐，有些事物使人悲伤忧愁，有些事物使人赞叹热爱，有些事物使人厌恶愤怒。由于情绪体验的意义和特有的“色调”是从人与客观事物相互作用中的需要满足与否的感受状态发展而来的，因此，可以把情绪定义为“人对客观事物与其自身需要的关系的反映”。

浪漫型的人情绪外显严重，在情绪活动中，面部、四肢和躯干的动作姿态会发生明显的模式性变化，如目瞪口呆、捶胸顿足、咬牙切齿和手舞足蹈等，都表现得很强烈，随时都可能出现，尤其愤怒的情绪让他们的伴侣和较近的朋友防不胜防。

由于他们的情绪性变化范围广泛、强烈，再加上他们若即若离的习性，他们的立场别人很难把握，包括他们自己有时对自己的立场认知也表现得很模糊。假如他们与某人的关系比较亲近，一旦他们怀疑了这份友谊，就会变得谨慎而退缩。

他们很留意别人是否重视自己，是否愿意支持自己，是否发现了自己的感觉。但是，浪漫型人格的人是不会说出他们的感觉的，常常透过情绪来表现。

与浪漫型人格的人如何交往

如果你想同浪漫型人格的人交朋友，或者不是交朋友而只是想与他们和平相处，这一切都不难，虽然你觉得很难了解他们，但只要运用好以下几种方法，相信你的初始目的定能达到。

1. 他们需要的是人们对他的肯定。要清楚，他们的自我评价并不高，虽然处处表现自己的独特，其潜意识也是在掩盖自我发现了的不足之处。只要让他们知道你很在乎他们对你的评价和与你的关系，同时也很重视他们，他们就会接近你，与你相处。

2. 他们的外在情绪表现得极其剧烈，而且极其真实，如果试图让他们恢复平静，他们会很不满意。但是，如果他们已经觉察到了自己的人格弱点，则是另一样的反应。

3. 他们标新立异和彰显独特的人格特质，会在事业中有着一定的贡献，对于他们的这些贡献要加以称赞。但是，要称赞他们贡献的本身，不要称赞他们的成果。

4. 不要以为他们老是热衷于自己的事情，对别人的事情漠不关心，实际上他们很乐意帮助别人。但是，当你需要他们的帮助时，必须主动地向他们讲明，这样，他们就会鼎力相助。

5. 如果与他们共同探讨问题，尽量承认他们的感觉，即使他们的感觉存在着错误，也要慎重地加以指出，即使是在探讨理性的东西，也不能超出此做法。

6. 他们的见解可能偏颇，但在听他们的发言时，尽量不去打断，要注意听，因为他们的直觉会具有很多你看不到的东西。

7. 他们经常处在某种情绪里，如果他们的情绪反应强烈，发展下去对他自己和对别人都没有什么好处时，你可以向他询问他此时的感觉，这样有利于他很快地冷静下来。

8. 如果你将自己的感觉、反应和想法真实地告诉他们，他们会认为你很够朋友。

在与浪漫主义者打交道时，我们需要根据对方的心理动机采取交往策略，具体来说，这些交往策略是：不要期望浪漫主义者有好的表现，将焦点放在最后的结果上；重视浪漫主义者的感受，提醒他们不要被别人的情绪影响太多；帮助浪漫主义者分清人与事，让浪漫主义者明白评价不等于批判；留心聆听浪漫主义者的感受；要求浪漫主义者在转变前仔细衡量得失；等。

揭秘浪漫主义者的性格缺陷

浪漫主义者的性格缺陷

对于浪漫主义者来说，抑郁是他们的主旋律，有时候甚至让他们总是陷于思考当中，迫使他们放弃正常的生活步骤。这种反思让他们执着于过去的错误，却不肯放下这种痛苦追求新的开始。

永远的缺失感是浪漫主义者的标签，也因为总是觉得自己存在着缺憾，所以他们会不断地反问自己：假如我做得更好，是不是就不会出现这样的缺憾了？

但是，即使他们下一次做得更好了，他们依然会觉得有难以弥补的缺憾，从而再次陷入痛苦当中。他们总是觉得只有当自己表现得更有价值，才不会存在缺憾，才不会被遗弃。为此他们一次一次地降低自尊，只为了追求心理的平衡。

他们追求独特，讨厌平凡，这让他们的性格显得偏执。他们总是难以接受真实的自己，而去妄求真正的自己，这让浪漫主义者深信只有表达自己内心深处的情感，才能得到真正的自己。也因为这种想法，一旦他们看到不能令他们满意的现实，他们就会固执地逃避，躲进自己幻想的浪漫当中。这样，他们就能生活在别人无法进入的城堡当中，久而久之只会越来越孤立。

戏剧性地生活是浪漫主义者的特质。他们是强烈的情感动物，他们总是很敏感地观察着别人对自己的一举一动。他们总是能从别人的语调、语气中幻想出某些暗示、隐射的情感，而不会让自己轻易相信别人的真实含义。他们为失去的东西耿耿于怀，哀叹痛苦，却看不到拥有的东西的美好。

对已经拥有的，他们总是会吹毛求疵；对得不到的，他们总会觉得无比的美丽。他们孜孜不倦地追求着一件东西，越是难以得到，他们越是会觉得美好，却对容易得到的东西无动于衷。这就是矛盾、执着而又抑郁的浪漫主义者。

浪漫主义者的性格改善

浪漫主义者是天生的艺术家，爱幻想是他们生活的主要表现。也因为这种幻想让他们痛苦于现实的不尽美好，让他们痛苦于世界的平凡，让他们宁愿躲进幻想的美好里，也不愿意走出来。

这是他们性格的局限，但是这种局限也成就了浪漫主义者不俗的能力，只要他们突破这种局限，他们将会创造无人能及的作品，取得无人能够超越的成就，让每个人都会叹服于他们独特的才能。

因此，我们应该帮助浪漫主义者理解现实，告诉他们要想摆脱痛苦抑郁的生活，就要脚踏实地地生活，就要面对现实，从平凡中发现感动，发现不一样的美丽。如此一来，相信他们必定能开拓一种充满建设性的人生。

浪漫主义者不要总是埋怨别人不了解你自己，或许你根本不需要别人来了解你，谁也没有义务去了解你。你不是这个世界的核心，你的思想在别人眼里或许一样平凡到不需要注意，不要整天为此而苦恼，这样不但别人不会对你产生兴趣，反而会因此离你更远。

浪漫主义者不要再一味耽于幻想，想要就要用实际行动去追求，也不要因为现实的不尽美好，或者得到的东西不能尽如你意，就选择放弃。失去了你只会后悔，拥有的东西是你值得珍惜的，你也才有珍惜的机会。所以凡事不要太苛求自己，也不要太苛求别人，这样会让你的生活更满足。

浪漫主义者不要总是质疑自己，自尊、自信才是你应该有的生活态度。你有独特的自我主张，人们会重视你。不要因为敏感让自己陷入“与众不同”当中。你就是你，或许因为自我、独特的审美、与众不同的观点，你会显得格格不入。

这时候，你就要学会接受自己的与众不同，不要有意利用这个特征去吸引别人的注意！敏感的浪漫主义者还要记住，别人异样的眼光也许并不代表着恶意，或许是一种欣赏，甚至嫉妒。浪漫主义者不要再自怜自艾，要展现自己最好的一面，因为你就是那个独特的自己。

智能听读 扫码听书

第六章　五号观察型：有目的和计划才行动

观察者关注自己的私密空间，喜欢安静、独立。他们超脱于生活，着意控制自己的情绪，不被事务和人际关系羁绊。相对于行动而言，他们更喜欢观察。他们喜欢理性的思考，对知识和资讯尤为热爱。正是因为他们总是扮演生命的旁观者的角色，总是用抽离的方式对待他人，所以他们活得并不那么潇洒，更不快乐。

观察者有啥特殊之处

九型人格中，第五型的人被称为思想家、侦查员。顾名思义，他们爱好思考，追求丰富、深刻的知识，越是难度大的理论知识，他们越感兴趣。在日常生活中，如果你的身边有个朋友，他们与世隔绝，整天探究些理论性问题，那么，他就是观察者性格。

在理论与实践之间，他们更重视理论。对于洗衣服这样一件小事，他们能研究出很多种方法来，但他们就是不洗。他们可能告诉你他们很擅长打台球，告诉你打台球该掌握哪些技巧，但当你问他们曾经赢过多少次时，他们的回答可能令你吃惊：他们从来没有打过台球。这就是观察者。那么，具体说来，观察者有哪些性格特征呢？

独立，喜欢独处

他们觉得思想活动重于一切，生活琐事对于他们来说都是浪费时间，因此，他们非常喜欢独立，讨厌被人打扰。他们即使一个人生活，也会觉得非常幸福，如果你没事经常去找他，会让他感觉到厌烦，到最后，他甚至会在门上挂上写有以下字样的字条：除非跟生死有关，否则不要敲门。

他们过着隐居的精神生活，除了图书馆和海边，哪儿也不去。他们当然也可以和社会打交道，但往往是站在远处遥控。他们让他人去完成与社会的正面接触，然后通过电话向他们汇报。当他们出现在公共场所时，会把真正的自己隐藏起来，让自己的感情最小化。

观察者对于那些让他们置身于众目睽睽之下的接触特别敏感。向他人推荐自己，与他人竞争，或者向他人表示爱意或仇恨，都让他们觉得自己被他人所控制。

他们总是远离那些要受到他人评判的活动。他们会给予自己习惯性的自我保护，为自己营造一种优越感，认为自己比那些追求认可和成功的人更优越。他们相信欲望和强烈的情感代表着自我控制力的减弱。当他们看到自己能够轻松拒绝那些主宰了他人生活的需求时，他们会有一种成就感。

他们非常独立。他们能够一个人幸福生活。他们的需求很少，他们能从自己的精神生活中找到巨大乐趣，不会为琐事浪费时间和精力。他们之所以如此独立，是因为他们能够把自己的注意力从情感和本能中抽离出来，并强迫自己生活在自己的思想里。

当他们变得孤立、无法接触时，他们喜欢的私密变成了孤独。当内心对接触的渴望被唤醒后，他们会发现自己很难和他人接近，他们常常会站在那里，看着自己的生命一点点流逝。

他们生活在不足的状态中，因为他们认为“独立”比满意更重要。他们总是提醒自己，自身的欲望可能让他们与他人发生接触。他们内心空荡，无所求，他们依赖于自己已经拥有的事物，就是那些填补空间的纪念品和一些填补心灵的空洞想法。

脱离了情感又渴望获得联系的观察者会花上大量的时间和精力，希望与他们的本性建立起精神联系。他们会通过特殊知识来寻找这种联系。在外界看来，他们是世外高人，更喜欢每天待在实验室和家里做研究，或者去图书馆查资料，而假如让他们去参加一些公共活动，他们是极其不适应的。

脑子里充满疑问

在他们很小的时候，就对周围的世界充满了疑问，他们总是问父母：为什么要吃饭？为什么要睡觉？他们总是问老师，为什么有太阳和月亮？于是，无论是家长、老师还是同学，都被问烦了，不得不为他们买一本《十万个为什么》，每天睡觉前，他们都必须在这本书上找到自己需要的答案。

强烈的求知欲让观察者擅长进行复杂的脑力劳动，从而显示出过人的智商与洞察力。他们无论做什么工作，都喜欢探究事物背后的本质与运行法则。只从表面现象看问题是观察者最不屑的做法。

为了透过现象看本质并总结出一定的规律，他们会以其他类型的人无法想象的热情和精力投入到研究当中。这种钻研精神让观察者能在自己研究的领域不断获得新的知识，甚至可能形成开先河的革命性创新；另一方面，也让他们不断减少自己的物质欲望、社交活动和生活琐事，把更多的能量节省下来，用于专攻的目标。

关注探究，以思考代替行动

观察者对那些深奥的科学，尤其是能够解释人类行为的系统知识特别感兴趣。通过掌握一门系统的学问，比如数学、心理分析学，或者“九型人格”，他们就能从思想上理解事物的相互作用，就能在系统中找到自己的位置。观察者擅长把事物概念化、条理化，堪称天生的编目高手，但他们并不热衷于把理论转化为实践。相比之下，他们更希望让别人去实践这些成果，自己继续在一旁观察、记录、分析、总结，直到创造出更完善的理论。

也就是说，观察者享受的是学习和研究的过程，而不是具体的结果。他们对世界的本质和真相有着无止境的求知欲，喜欢通过多角度认识世界来获得心灵上的充实和圆满。

他们很少去关心财富和物质享受。在他们看来，金钱的唯一用处就是能够让自己不受干扰，能够购买私密生活，能够让自己有更多时间去学习和追求自己感兴趣的方面。

表现高冷的观察型领导

观察型领导是高冷上司

观察型领导的座右铭是：知识就是力量。观察型上司的最大问题就是冷冰冰的，让人难以接近。所以很多人说他们没有人情味。但观察者有学者风范，有深度，处变不惊。

观察型领导的缺点是自视甚高，自觉高人一等，总与人保持一定的距离。不管做什么事，观察者都喜欢有足够的思考时间，喜欢不需要马上拿出结果的工作，所以研究机构或大学是观察者很喜欢待的地方。

观察者领导很客观，从来不会感情用事，什么事都用数据说话，好就是好，不好就是不好。观察型上司用人也非常客观，但因为他太过冰冷，跟他打交道，你会觉得跟冰箱打交道一样。观察型上司一般城府比较深，高深莫测，让人猜不透。

当他们要在公共场合露面时，观察者会选择一个合适的姿态、恰当的外表和言论。如果情况需要，观察者也可以站出来直接指挥，表现十分外向，甚至很吸引人。

观察者常常会不知不觉地变成公共人物，并把这个人物形象当作自己的角色。当一切都在掌握之中时，这些观察型领导会表现得非常外向。他们可以主持工作、代表企业或者处理紧急情况。但是当工作完成后，他们自己可能并不会得到什么好处。

观察者关注的是思想，他们通过自己的方式来表达这些思想，而不是通过与他人的交流。他们会毫不修饰地表达自己的想法。他们毫不留情地指出问题，然后等着大家自觉采取行动。观察型领导者要的是实际行动，他们会把任务直接抛出来，等着其他人来接。每个人在接受任务之前，都想先知道领导是怎么想的，但观察者领导肯定不会有任何表态。

观察型领导喜欢遥控

观察型上司希望成为一切工作的幕后大脑，不喜欢事事亲临。只要雇员能够在规定时间内完成任务，成为上司与外界接触的有效中间桥梁，观察者上司就不会有监管一切的愿望。

作为领导的观察者喜欢通过电话来进行遥控指挥。通常，他们都会有一个更加积极主动的合作者，尤其以3号实践者为佳。观察者的角色一般是思考者或者分析家，他们喜欢让更活跃的合作者到前面去冲锋陷阵。只要雇员愿意承担责任，会在必要的问题上与老板商量，那么他们的合作将非常顺利。上司也很愿意看到员工能发挥重要作用，只要双方之间没有冲突。

观察型领导的这种风格，很容易引发某些人的偏狂，他们往往要分享你内心对公事运作的看法，即使有违你的性情，但你要知道，他更希望你能自觉成为团队中的一分子，而且与团队心灵契合。

由此，人际关系往往便成了观察型领导的障碍，他们对需要大量人际互动的工作感到棘手。尽管许多观察型领导很了解员工的心理，但一旦想到要和员工亲近，而且还要表示关怀，他就会感到坐立不安，觉得非常难受。要想协调和观察型领导的关系，作为员工，需要从情感的立场上向理性的立场上发展。而对于上司而言，也有必要从自己的精神世界中走出来，真切地关心员工的工作感受。

观察者的卓越职场通途

观察者在单位属于“专家”

观察者是九型人格中的智者，是处理秘密的内行人，他们善于珍藏自己的秘密，不管是学术上的研究、技术程序、部门政策、公司内部构架或是对手的弱点等，在他们身上别人都得不到一点信息。

观察者经常费尽心力去获取全套物品，他们以收藏著称，通常会收藏一些古书、一整套邮票或钱币、古董车、排列着著名战役的玩具模型，以及一些不寻常的物品。观察者在职场中有以下特点：

观察者在单位属于“专家”，他收集的许多专业知识让其他员工很快成为内行。上司应该多给观察者空间，让他自己去探索专业知识，但也要提醒他注意与大家沟通：“你的态度使你看上去缺乏人情味，这会影响你与同事的关系。平时你应该多多留意，多一些笑容，跟大家多接触接触。”

观察者喜欢独自思考问题，他的时间全都是私人时间。观察者平时跟同事没有什么接触，但他们有非凡的判断力，能将同事的优点和缺点有理有据地总结出来，且非常客观。

作为上司，你只要和观察者定好工作完成的期限，然后按时检查就行了，千万不要催促他立刻做决定或马上完成任务。如果观察者做得不好，你可以事后让他做一个总结，最重要的是让他明白：想过不等于做过，只有通过行动和努力方能有结果。

观察者非常专注，能够长期刻苦钻研

观察者做事非常专注，如果上司交给他一项任务，他会全力以赴地去完成。其间，不需要督促，不需要检查。但是，由于他们过于独立，喜欢将自己封闭在自设的心理防线之内，不善于与别人交流，也不善于表达自己的感情和需要，因此，作为上司，还是应该给他们力所能及的帮助。

观察者的特点是能够长期刻苦钻研，因此，领导者不妨把难度较大的工作交给他们来做。这样，不仅能发挥他们的专长，还可以解决工作上的一些难题。但观察者的实践能力较差，这一点，作为上司也应该心中有数，在适当的时候施予援手，以促进观察者工作的顺利完成。

对于有些观察者来说，在一间没有具体划分的工作室里，与其他同事共用一张办公桌会令他们感到很为难。

许多观察者都说，他们把自己打扮成一个合适的员工，但是内心却与自己的情感分离了。对他们来说，在公开场合表达自己的情感是一件困难的事情。所以，适当选择一些有难度的课题，给他一个独立的空间，观察者就能很好地完成任务。

如何提升观察者员工的潜能

1. 告诉对方尊重他的才华与智慧，理性地告诉他们需要他为团队做什么，他的价值所在。用事实与数据来沟通。

2. 观察者员工由于过于独立，喜欢将自己封闭在自设的心理防线之内，不太善于与别人交流，也不善于表明自己的感情和需要，因此，需要解除心结，扩大视野，学会社交。

3. 单位领导若能表现出平等、协商、温和的态度会使观察者员工感受到安全。

4. 观察者员工喜欢独自工作的方式，单位领导在观察者员工工作过程中不宜施加压力，不管是鼓励还是干涉都会适得其反。

5. 不要轻易改变观察者员工的工作环境。指派他们工作时，要提供足够的信息，充分说明内容和目标，有变化时及时说明情况，使其拥有安全感。

7. 注意观察者员工的工作优势，充分发挥他们能抓住问题实质、长于出谋划策的特长，要给以观察者员工的专业能力足够的认可和欣赏。如果有可能，最好主管直接去交代观察者员工做事内容，这样他们才会感到被信任。

8. 观察者员工总是与人和事保持适当距离，不愿承担更多的责任，因此单位领导一定要帮助其协调处理，从而使其安心。

精神至上的爱情观察者

观察者的情感特点

在日常生活中，我们很容易在人群中发现观察者，即使在公共场所，他们也会找一个安静的角落，专心做着自己想做的事。当思想从情感中分离出来时，他们就成了旁观者，哪怕在众目睽睽之下，他们也可以让自己的内心远离。

的确，观察者就是这样的另类，他们永远只让自己住在自己建造的城堡中，在城堡的上方，他们只为自己开一扇小小的窗，以便能看到周围的世界，而他们是不允许别人参与城堡生活的，即使连自己最亲近的人，他们也会设置一道屏障，不让对方涉足。

因此，可以说，观察者在处理情感上的方式是：用抽离方式处理，仿佛是旁观者，100%用脑做人，不喜欢群体作业，对规则不耐烦。接下来，我们从两个方面进行分析。

1. 观察者不喜欢甜言蜜语。观察者通常是在做过艰难的选择之后，才会决定把自己投入到爱情中去。他们放弃了没有烦恼、独自相处的安全，而选择了亲密的、需要投入大量感情的恋爱。

观察者不会轻易选择投入一段感情，一旦当他们做出选择，就一定是经过精心思量的。这段爱情必须值得他们去面对理想与现实的可怕鸿沟。只要伴侣是一个值得他们付出痛苦代价的人，他们就愿意放弃自由。他们对爱情的承诺首先是精神上的，然后才是情感上的。一旦他们做出承诺，这个承诺就是经得起考验的，尽管他们可能表现得并不那么热情。观察者很容易对频繁的约会感到厌项，他们会选择退出来弄清楚自己的真实想法。他们会尽量避免那些能够促使感情产生的情景和接触。最终，他们的伴侣会发现自己必须事事主动，因为观察者是不会自己向他们靠拢的。

观察者喜欢把情感关系精神化，精神恋爱是他们所推崇的恋爱模式。但是他们这种让注意力远离强烈情感，把自己的爱情精神化的做法，伴侣是很难理解的。在别人眼中，观察者对于爱情总是太过冷淡。亲密感会给观察者带来紧张的感觉，所以他们宁愿独自一人享受恋爱的感觉，同时又希望有人把他们从自己的世界中拉出来。

2．观察者喜欢有内涵的伴侣。观察者对待爱人的方式是特别的：在择偶上，他们想要找的是无论外貌还是内涵都出众的，对于男性观察者而言，他们很想找一个美女，但如果这个美女没有什么内涵的话，他们就会打退堂鼓了。

观察者非常注重非言语的交流，他们会和爱人在家中度过很多夜晚，但是他们却总是沉默不语，这样观察者会很有安全感，也能让他们有足够的私人空间去感觉自己的感情和思考问题。

他们不需要甜言蜜语或者亲密接触，就能感受到爱情的甜蜜。当然，这样做会让不了解观察者的爱侣觉得很难接受，甚至觉得自己受了冷落。如果你的爱侣刚好是观察者，那么就多给观察者一些独处的时间，或者适应他们通过非言语的方式来表达亲密感。

在观察者看来，最为宝贵的莫过于时间，时间能让自己获取知识、分析事物，但我却和你待在一起，这就是爱。因此，对于不了解观察者的人来说，并不能读懂他们的爱。

观察者的待人处事之道

观察者的待人之道

观察者总给人一种无法走进他们内心世界的感觉，沉默寡言、凝眸静思，是他们的常态。他们不会关心人，似乎也不需要别人的关心，总把自己关进属于自己的世界，然后冷眼旁观别人的世界。

观察者不喜欢亲密的感觉，不管是精神、感情上的亲密，还是身体上的亲密。他们宁愿选择一个人在家研究自己的问题，也不愿意和同事、朋友们在酒吧、KTV里放纵感情。

他们在乎的是精神的交流，遇到一个能够和他们有着精神共鸣的人，他们会打破沉默寡言的状态，和对方滔滔不绝聊天。但是一旦当他们得到自己所需要的东西，或者发现对方再没有新观点后，就会毫不客气地和对方冷淡关系，大有“过河拆桥”“利用完就丢弃”的感觉。

归根结底不是观察者忘恩负义，而是他们天生不喜欢把情感浪费在没有研究价值的东西或人上。就像他们不喜欢肤浅的社交活动，不喜欢和没有深度的人交谈一样，“话不投机半句多”是他们的信条。

观察者因为拥有理智的情感，所以一般不会有太大的情绪变化，甚至有人会说观察者是不会生气的一类人。其实不然，那是因为他们的理智永远大于情感，他们总喜欢控制自己的情感，压抑自己的情感。

但是，一旦触犯到他们的底线，观察者的愤怒就会让你觉得前所未有的害怕。就像一只在你看来温驯的猫，如果你踩到它的尾巴，它会毫不客气地咬你一口，让你看到它凶狠的一面。

观察者不喜欢自己的工作被干涉，他们只愿意一个人静静地思考，如果让他们感觉到自己的工作受到不应该有的干扰，或者将他们置于众目睽睽之下，会让他们感觉自己被他人控制，这会激起他们的厌烦情绪，他们渴求的是主宰别人的成就感。

与观察者的相处之道

观察者性格内向、待人被动、比较自我、喜欢思考。倘若想与观察者接触，首先要记住的就是他们不善言辞，他们面对人群不擅长表达自己，甚至会表错情让人产生误解，所以不要在这方面给他们太大的压力。要表现出亲切的善意，来减轻他们的紧张和焦虑，这样更有助于消除你们之间的距离感。

观察者不擅长巴结人，他们很少能够对人说出动听悦耳的话，所以，在亲密关系中，应该谅解他们这一点，不与他们追究这些好话的责任。当一份友谊变得更亲密时，非语言层面的关系是更重要的。观察者透过思考去感觉，并且不愿意表达自己的感觉，对这点他们通常毫无所知，直到他们独处时才显现。对方可以信赖的存在和一致性能让他们感到安全。

观察者重视个人空间，不喜欢自己的空间受到骚扰。对他们来说，尊重隐私是他们的需要，不要将它看成是拒绝。无论他们有多么喜欢对方，一旦有任何被侵犯或被要求的经验都会让他们退缩。当这种事出现时，他们才感觉到给与取之间的巨大而安全的范围。

观察者不喜欢按部就班，即便是每周一次的例会都会使他们感觉到煎熬。他们不喜欢把时间浪费在娱乐消遣上，在人际关系上常常会显得比较木讷保守。所以，想要成为观察者的朋友，态度就要亲切平和，不要表现出过分的依赖或亲密，因为他们喜欢与人保持一定的距离，要尊重他们的喜好。

对观察者而言，他们最佳的必需品不外乎时间、精力和个人空间。他们机警且善于观察，对别人行为中表现出的细微差异，特别会回应。如果别人对他们有所求，他们会冷静地回应。他们喜欢自行解决问题或制订计划。经常性地关注、探究知识和规则，以思考代替行动。容易自我满足，喜欢简单化。

与观察者相处，请求他们做某件事情时，必须注意的是，你的表达态度应该是一种请求而非要求，不然就会让他们产生反感。同时，如果需要他们做决定，就请尽量给他们独处的时间和空间，以便于他们思考，你也在他们印象中成为朋友角色。

不要再说安静含蓄的观察者冷漠寡情，也不要再说他们没有脾气，用心了解，他们也是情感丰富的一类人。

让观察者突破性格局限

观察者的主要性格缺陷

观察者对知识的渴求，几乎到了贪婪的程度，他们把全部的注意力都集中在了对未知的知识的探寻上，他们将大量的时间用在对知识的渴求上，却不愿意花更多的时间去打理自己的感情世界，在感情世界中他们几乎是抽离的。所以，和他们的学识世界相比他们的感情世界是贫乏的。

观察者的感情世界越是贫乏，他们越是欣赏自己渴望的那种隐居状态，所以，观察者选择尽量脱离大部分的社会关系，将自己的心“隐居”起来。观察者的个人生活是严肃而井井有条的，所以很多人觉得他们很无趣，甚至称他们是“尚未悟道的佛”，以此形容观察者的生活枯燥得千篇一律。

观察者确实不喜欢生活中有太大的变化，他们是严格的理智型人才，喜欢走自己选择的路，绝不会去幻想从未选择的道路上经过会是什么感觉。虽然观察者一般都很富有，知识也很渊博，但他们总会觉得自己的精力已经用尽了，内心无比空虚，往往因此产生灰色的厌世情绪。

当然，也不要这样就觉得观察者就是无欲无求的。他们虽然对物质财富没有感情，但是他们却能深深地感觉到财富的重要性，所以他们一般会认为，财富是不能缺少的，这是他们自我安全的保证。

因为观察者害怕牺牲自己的独立性去依附那些掌握着资源的人，害怕自己最尊贵的私人空间因为缺少财富的保证而遭到侵犯，所以在面对财富时，他们甚至会表现出贪婪的一面。

他们的这种贪婪仅仅在物质金钱上，情感思想上则表现出了另外一面。他们总是害怕自己受到伤害，所以即使是面对真挚的感情，他们也能表现得冷淡、冷静，甚至是与己无关的冷漠，而不愿意付出自己的真情。向别人求助对他们来说是一种感情的冒险，他们宁愿自己设法解决，这就是“吝啬”的观察者！

观察者突破局限的方法

有人说过，如果观察者具备感性人格的情商，那他们一定会成为职场中最受欢迎、最有能力的“领导”，因为他们拥有渊博的知识、超人的才能；一旦他们具备了感性人格的人情味，懂得“思下属之所思，想下属之所想”，他们必然会得到下属衷心的支持和拥戴。

在生活中，这种能力超群，又不乏情感的观察者更会成为每个异性向往的伴侣。可惜这一切只是人们的渴望，观察者就是观察者，他们永远不会成为浪漫者和观察者的组合体。但是，现实可以让观察者意识到自己性格的缺陷然后进行弥补、改变，从而突破自己的缺陷，逐渐向完美靠拢。

观察者要注意在工作中与人合作，有时候将责任分担到团队成员的肩上要比大权独揽更有利于实现个人的梦想。观察者还要明白，当你身处高位时，所代表的已经是一个团体的利益，必须要从大家的感受出发，而不仅是满足于个人的所欲所求。只有这样，观察者才有可能成为一个得到下属支持的领导。

此外，有着不凡想法的观察者要学会表现自己，别总是安全隐秘地行事，要让别人了解你真实的情感和想法。与此同时，观察者还应该学会倾听别人的想法，不要一味地按照自己的思维行事，尽量改掉别人发表意见时独自思考个人观点的毛病。这不但能开阔观察者自身的思维，也是对他人的一种尊重。

观察者不要被自己的“疆域感”束缚住内心，保有隐私是必要的，但不可过分执着于保护隐私，这只会让观察者沦为一个隐私的奴隶。观察者可以试着向身边的人交流自己的情感需求和计划，打开封闭的疆域，这样才会赢得别人更多的好感。

第七章　六号质问型：敢于质问才知真相

质问者是十分忠实和小心的人，他们总是处于无休止的忧虑和怀疑之中。他们倾向于把世界看作一种威胁，而他们对外来的威胁非常敏感，可谓明察秋毫。他们总是关注生活中最糟糕的事情，并预想出最糟糕的可能结果，然后把自己武装起来。这种性格使他们喜欢征求他所信赖的权威人物的意见，并成为他们的追随者。

质问型的人有何特别之处

质问者的性格特点

在九型人格中，质问者是典型的怀疑主义者，他们和观察者性格者相似，都认为这个世界危机四伏，人心难测，稍微交往不慎，就会被人利用和陷害。

但他们又和观察者性格不同，他们不像观察者样享受孤独，而是害怕孤独，害怕自己被孤立、被抛弃，因此才对人和事都没有安全感。也就是说，其实质问者内心里渴望与人接触，并渴望得到他人的保护。

质问者往往小心而多疑，他们从小就学会了保持警惕，学会了质疑权威，习惯去思考人们每个行为背后潜藏的意图。而且，注意力的焦点往往集中在生活中那些糟糕的事情上，这使得他们把外部世界看成是各种危险因素的潜在来源。

他们很容易对他人和客观形势产生怀疑，尤其是当这些人和事在他毫无准备的情况下出现时，更是如此。因此，他们总是处于无休止的忧虑和怀疑之中。

然而，他们内心十分渴望他人的保护，一旦他们发现力量强大的领导者，他们又会十分顺从、忠诚。由此来看，质问者对待权威的态度是矛盾的，这种矛盾心理往往突出表现在他们的情爱关系、人际关系、自我保护的方式上。

在九型人格中，质问者是一个有点复杂又有点矛盾的角色，他们被称为“忠诚者”，他们服从权威，追求团队协作，认真履行承诺，尽自己最大的努力满足别人对自己的期待。

质问者一旦和别人建立起互相信赖的关系，有了深入的往来，就会十分忠诚，永远坚守承诺。对质问者来说，获得别人的支持，赢得他人的信赖，就是他们最大的追求和满足。

质问者具有超强的责任心，是九型人格中最好的执行者，把工作交给质问者，他们会不遗余力地去完成，忠实而有效，公司中勤勤恳恳、忠实工作的员工往往都是质问者。

可一旦工作中的目标、流程模糊不清，或是他人的态度不冷不热，质问者就会变得多疑又多虑，他们会怀疑他人的动机，怀疑对错的标准，甚至怀疑自己的能力，此时的质问者全然没有自信，变得懦弱胆小，优柔寡断，他们害怕自己做错事，害怕别人不认可自己，抛弃自己。

质问者的性格分析

质问者喜欢当打工者，不是他不喜欢当老板，而是他没有安全感。在他看来，打工是最安全的，而且也有时间和自由去追求自己的兴趣和爱好。但他也是一个矛盾体，想打工，又不想别人对他有太高的要求。

质问者在逆境中是妄想狂性格。他什么都怕，怕被出卖、被欺骗，怕别人对他有敌意，怕一个人不能独立生存，怕爱，怕授权……

在与质问者接触时，和他们快速建立起人际关系是不太容易的。质问者不喜欢太过直接和干脆的方式，这会让他们觉得安全感不足。质问者的常用语是“可能”“等一下”“让我想想”等，这些模棱两可的字眼让他们在一切对话中都留有余地，以便为突发状况做缓冲。

质问者也会问“怎么办”，这不一定代表他们真的没有主意，往往只是质问者焦虑或者矛盾的表现。也许他们心中有一个想法，只是希望获得他人的肯定和支持，安全感是质问者最渴望得到的东西。

迟疑是质问者一个重要的特点，质问者会顾虑很多事情，态度永远不够鲜明。如果质问者在排队的时候遇到前面有人插队，他们通常不会迅速地做出反应，而是要犹豫一下，衡量自己是否有十足的把握强过对方，才会选择是否出头。如果不能确定自己强于对方，质问者就会选择放弃和隐忍。

尽忠尽职的质问型领导

质问型管理者的优点

当质问者担任领导职务时，能够尽忠职守，有团队精神，肯为大局着想，忠于自己的领导使命。同时，质问者善于制定各种烦琐的管理制度，很容易成为制度化管理的专家。

质问者类型的领导者优点是有谋略，能够步步为营，做事周全细致，责任心强，善于解决问题，思维缜密。

质问者在作为领导者时，越是处于逆境，越是会迸发活力。也就是说，他们往往是在企业遇到危机时，表现得更坚定、更有力量。当与困难较量时，他们不再怀疑，而是集中注意力开始行动，并投入比平常更多的力量和智慧。

但是，许多忠诚者都不善于扮演领导者的角色，因为他们天生都不善于展示自己的权威，因此他们可能会表现得像一个严厉的教官，对下属狂吼命令，而且还不喜欢别人对自己的意见持反对态度，只喜欢自己能时时刻刻赢得别人的赞同。

他们有时也喜欢和下属站在一条战线上，一起对抗比自己权力更高的上司或者他人，必要的时候，他们宁愿放弃自己的领导地位，也不愿向下属施加任何的权威和压力。

没有人像他们那样爱护、体贴地对待自己的同事和下属。

在下属犯错误的时候，他们不喜欢责骂追责，而是采用“温柔和善”的方式对下属进行旁敲侧击，而且还会宽容地指出来自各个方面的原因所造成的影响。他们喜欢公司的核心方针是清晰明确的，不希望自己的行为在无意中引起别人的误解，他们会想尽一切办法避免一切不可预知事情的发生。

质问者类型的领导者会一直努力使自己不去轻易责怪别人，他们有时会以口头命令来代替书面指示，他们对别人许下承诺的时候总是模糊不清的，同时也会为自己留有一定的余地。

有时他们会喜欢口头表扬下属的成就，但是在下属的表现评估上会写下严厉的批评语。

当他们准备在市场上放手一搏，要承担起责任和误会时，他们就会成为九型人格中思考最周密、最全面且意志坚定的领导者，他们对产生各种问题的隐患和事情的本质比任何人都考虑得全面、周到，而且还会谨慎小心地使用自己的权力和威严。

他们在做任何事时都有一个非常清楚的理由，不管做什么事他们都会进行长时间的全面考虑。最成功的质问者会是谨慎、心思细腻的哲学家，同时也是有着较高领导权威和卓越人际能力的实践家。

质问者管理者的缺点

质问者管理者容易出现的问题是，决策前会对潜在风险、各种易发问题担心过多。喜欢做最坏的打算、最好的准备。喜欢求证权威，寻求最正确的方法。因疑虑太多，较难自己拿主意。而过多的顾虑往往容易贻误战机。

当他们完全投入到行动中时，害怕就消失了，因为害怕只能存在于心中，而此时他们心中只有他们要做的事情，根本没空儿害怕。

当胜利的时机已经成熟时，由于内在心境发生了变化，质问者则不再会充满活力，他们的兴趣也大不如前。在找不到奋斗的方向时，行动会变得迟疑，处理事务的程序变得重复而烦琐，不再像危机状态下那么简单利落。

而此时，他们对决策的制定也开始滞后。很多计划都在考虑之中，无法实施。质问者需要在成功后直接获得诚实的反馈，包括恰当的、言之有理的反对意见，以及这次成功中有哪些不足，有谁在午餐时提出了批评，等。

对质问者类型的领导者来说，任何人都可以加入到他们的团队之中，他对任何人都是一如既往的好。在工作上由于他们没有决断，所以虽然有时他们也努力应对某些事情，但是却没有鼓舞人心的能量。在平时，他们总是觉得别人给自己施加了太多的压力，他们也无法听取和理解别人的批评。

质问者对于唾手可得的成功感到矛盾。在艰苦的奋斗途中，他们会是出色的领导者。他们会号召大家团结一心，克服困难，因为困难能够激发他们的能量。

然而，只要工作告一段落，他们再也无法对自己所做的工作提起兴趣了。而当失去了前进动力掩护的质问者惊讶地发现自己成了众人瞩目的领导者时，他们会为自己的领导者身份感到难堪。

在失去了奋斗方向后，让他们坚持以前的领导者身份会变得格外困难。因为他们关注的是那些给他们带来麻烦的问题，而不是那些积极的信息。要他们继续发挥领导作用，除非继续获得因为受到压迫而产生的动力。

质问者必须在消除了所有不好的可能性后，才会去关注积极的选择。一旦他们进入了新的项目，他们又会全力以赴，成为出色的问题解决者。如果大家都很积极，质问者则会信心百倍。

没有疑问才能干得更好

质问者的职场心理

作为员工的质问者，要么是“我们中的一员”，要么就是反叛者。忠诚的质问者通过承担责任、讨好团队来保护自己。反叛者则用进攻来决定谁能获得安全。反叛性的质问者喜欢挑衅，他们质疑现状，只是为了弄清楚每个人的立场。

质问者喜欢清晰的指示、明确的惩罚和权责分明的工作关系。如果他们的想法和努力得到认可，他们会表现出极高的创造性和合作性，尤其是在他们的工作可以确保自己未来的安全时，他们很愿意帮助他人。只要领导对他们诚心，他们就会忠心耿耿。

安全感来自掌握全部信息。他们宁愿获得坏消息，也不愿被蒙在鼓里。当他们知道错误时，错误就是可以被原谅的。秘密让他们感到被操纵，让他们想要反抗。任何不平等的权力分配都会引发他们内心的担忧。当他们的安全依赖于权威的善意时，质问者想要知道所有细节信息。

当质问者必须和他们每天都要相见的人展开竞争时，他们会十分难受。如果他们赢了，他们会很内疚；如果他们没有全力以赴，他们的感觉也很糟。常常有质问者放弃前途光明的工作机会，因为他们无法在一个充满竞争的环境中出色发挥。

质问者的工作能力

质问者只要了解公司的规章制度、自己的职责和任务以及在整个团队中所扮演的角色，他们就能够非常出色地完成自己的工作任务，而且当他们清楚自己怎样配合他人的时候，他们的表现会更加优秀。

在工作中，给予质问者一定的安全感，关心一下他们藏在心中的忧虑和担心，就会发现他们是非常具有创意的，而且他们的工作效率也会非常高。

在工作中帮助质问者，未必会得到他们的感激，感激并不会轻易从质问者的嘴里说出来，而且在很多时候，别人的关心和帮助会被质问者误会成别有用心，他们甚至会认为对方是在利用他们。

质问者非常关心自己的奖金、同事之间的任务分配……实干者会把一些特权当成自己努力工作的证明，而质问者则会利用自己手中的权力来打探工作任务的进展状况，以及自己的地位到底如何。在自己的工作环境中，质问者可能会出自本能地去找能够共同对抗的对手，同时也会寻找自己的盟友。

如果质问者的任务是动员大家一起行动，只要他们了解事情的紧迫性，他们就会马上集中自己所有的力量去做这件事情。大部分质问者在比较危难的时刻都会把自己潜在的能力释放出来。

总是怀疑爱情的质问者

质问者的情感生活

在质问者看来，没有什么是永恒的。他们会一遍又一遍地对爱人最初的承诺提出质疑，他们需要不断得到肯定信息来消除疑虑。“你会一直爱我吗？”对于这样的问题没有正确答案。即便你的回答是肯定的，他们也会怀疑你是否真心。

除此以外，质问者还会根据现实中的蛛丝马迹对伴侣横加指责，让对方陷入无妄之灾中。这一切实际上都是质问者对亲密关系的潜在恐惧感在作祟。

作为伴侣，要想帮助质问者，就应该表明立场，不厌其烦地向质问者重复对爱情的承诺。不要有夸张的成分，不要刻意讨好，也不要虚情假意。如果可能的话，你也可以找到一种委婉的表达方式，尝试告诉质问者，哪些是被质问者忽视的真实，哪些纯粹是质问者毫无根据的猜测。

比如，当质问者问："你会永远爱我吗？"你只要看着质问者的眼睛，诚恳地回答："是的，我会永远爱你。"这就是最好的办法。

质问者会把自己的感受投影到他人身上。如果质问者爱对方，他们就相信对方也爱他们；如果质问者对伴侣恭维的好话充满怀疑，担心对方是言不由衷、表里不一，他们同样相信伴侣也在怀疑他们；如果质问者生气了，他们可能会去指责自己的伴侣而且无缘无故地发脾气。

所以，当质问者认为你不够专一的时候，可能就是他们自己开始花心，准备搞外遇的时候。

只要质问者确信婚姻是可以维持的，他们往往就会主动承担更多责任。他们会忠心不二地为他们信任的爱人默默付出，不需要得到太多关注，也不需要太多回报。

这种付出的最高境界就是自我牺牲，忠贞的质问者会把自己的爱人放在第一位。这样的质问者往往拥有坚固、长久的婚姻。因为他们愿意面对"婚姻中的问题"，而且觉得有责任去"解决问题"。他们通过不断地承诺来表现自己的忠诚："我会留下来，直到我的丈夫（妻子）完成学业。""我会留下来等孩子长大。"

质问者的婚姻生活

在亲密关系中，要让质问者愿意了解自己情绪化的部分，可能要花上多年的时间。质问者对朋友也是一样，质问者寻找他们能够信任的人，喜欢和他们在一起。

他们通常会通过行动和与对方共事或支持对方来表达友情和爱。他们喜欢享受知性的交流，并衍生许多好的观念，所以当质问者似乎不能开展事物时，他们可能会感到挫折，所以他们比较喜欢伴侣领先。

生活中的质问者通常会把另一半放在优先的位置上，并以自己的忠诚供奉，如若另一半胜利了，他们感觉上就像是自己胜利一样。所以，身为质问者的伴侣，请务必让他们知道你每天的行动，不要在他们面前隐藏你的想法，他们不是要控制你、干涉你，只是他必须知道这些才能觉得安心。

如果想要让他们转变自己的情绪，那会是既困难又恐怖的。对质问者来说，能够对局势进行某种控制，才会使他们觉得比较安全一些。所以，在与他们进行互动的时候，不妨把控制权也留给质问者，并给予信任，这样他们就会非常热心与你交朋友。

质问者从来不会有意去操纵或者利用伴侣。如果夫妻双方需要携手面对外来的危险，质问者往往更容易感到幸福和快乐。当夫妻需要一致对外时，质问者会与对方患难与共，对伴侣无比忠诚。他们能够把伴侣的利益放在首位，能够把伴侣的成功看成是自己的成功。

作为质问者的伴侣，要想维持感情，就应该冷静地考虑你们之间的问题。你可以对质问者说："上周我很爱你，现在我也依然爱你。等我们冷战结束后，我还会这样爱你。"

听到这样的表白，质问者会很感动，也会很放心，伴侣不再令他们感到害怕，他们想象中的糟糕结果就不会发生。

走进质问者内心的宝典

质问者的交际特点

质问者常常会表现得小心谨慎，但是会有太多疑虑，总觉得世界充满危机。在他们的内心深处常有担心和焦虑。过于考虑安全方面，他们因此也常常延迟采取行动。处在顺境中的质问者，具有较强的亲和力，为人忠诚可靠，是个愿意支援团队、有责任心的人，他们勤奋且值得信赖，有良好的合作精神。

反之，一些质问者常常会是焦虑、紧张的，他们缺乏自信；因为极度缺乏安全感，而到处寻找安全感；对刺激过度反应，自我打击，似乎有被虐倾向。在与质问者相处时，就应该多多地鼓励他们看到事情好的一面，不能够批评或是嘲笑他的恐惧，要耐心取得他的信任。

质问者的情绪控制

有些质问者不会控制自己的情绪，尤其是当他们心绪烦乱或是怒火中烧的时候，他们就会变得脾气暴躁，甚至会为自己干的事情或者是为发生在自己身上的事情迁怒于他人。

这些往往会造成质问者与人相处的主要瓶颈，需要时刻注意自己的悲观主义倾向，它不但会造成质问者心中的无名之火，也会对他们造成负面的思维模式，使质问者成为不可理喻的人，这样就会轻易伤害到别人。

所以，要时刻克制自己的情绪和悲观主义。把自己的心态放平，投身在朋友的欢声笑语中。这样就会使自己轻松抹去心中莫名的怒火，使自己和朋友都免受伤害。

其他人对质问者的看法可能比质问者自身所认识到的要深刻得多，所以，不要以为大多数人会刻意伤害自己。事实上，质问者自己的恐惧，其实更多地表明自己对别人的态度，而不是别人对自己的态度。只要改变自己的想法和态度，就能够友好地与人相处。

把握质问者的性格缺陷

质问者的个性缺点

质问者在顺境中会展露出特有的光芒，但在逆境中质问者人格的矛盾性有时会成为致命的缺陷。在封建社会，那些忠心耿耿辅佐帝王的忠臣直臣往往都是质问者，他们敢说真话，不怕杀头，但最后被杀头的往往也是他们。

质问者对权威的服从和对抗的矛盾心理深深植根在他们的人格之中。质问者是喜欢怀疑的类型，一旦失去他人的支持，就会对任何事充满怀疑，他们不断需要他人的支援和引导，否则成功也是一种失败。

当质问者开始不断寻求帮助和引导时，警钟就敲响了。此时的质问者会变得敏感、多疑，没有安全感，极度焦虑。有一位质问者职员，总公司新成立了分公司，让他去当经理，这明明是公司的信任，可他却无法安心接受，反而陷入了患得患失的痛苦之中。

他接受了公司的任命，老板也对他非常放心和信任，把工作全权交给他处理，可是用不了多久，质问者就会开始焦虑，琢磨老板为什么不理自己了，这样做行不行。

于是，他会不断地把工作计划和业绩拿给老板看，询问说："老板，你看这个企划行不行？"老板说："可以，你去做吧。"没一会儿，质问者会再次询问说："老板，你再仔细看看，真的可以吗？"老板又说："挺好的，没什么问题。"

过一会儿，质问者又回来了，再次唠叨说："老板，你确定没问题吗？真的可以吗？"老板终于忍不住了，冲着质问者大发雷霆，把他的策划狠批一顿，质问者这才放心回去，高高兴兴地执行计划。质问者就是这样，如果老板对他太过放手，他反倒没有安全感。

质问者面对未来总是充满焦虑，他们喜欢未雨绸缪，喜欢把钱存起来，或者买保险、买房子。不过质问者肯定不会买股票，股市的起伏动荡是质问者所无法承受的。

质问者时刻都在担心未来，失业了怎么办，赔钱了怎么办，所以质问者会选择保险的理财方式，可即便这样也不能平息质问者内心的忧虑。恐惧和忧虑总是伴随在质问者左右，而这种恐惧和忧虑往往是质问者自己凭空想象的，很多时候质问者是被自己想象出来的困难吓死的。

质问者在一般情况下，把期望降得很低，总是保持谨慎的生活态度。安安是一家文化公司的业务骨干，她的工作能力有口皆碑，在同事中的人缘也很好，但公司的经营状况却十分糟糕。

一个偶然的机会，猎头公司向安安提供了一份高薪的职务，但安安最终还是拒绝了。别人问她为什么如此选择，安安回答说："我在公司里很得老板的重用，和公司的同事合作也很愉快，工作比较稳定，但在那个公司就不一定了。万一跳槽后得不到信任，那就是赔了夫人又折兵，太不划算了。"

安安就是典型的质问者，过分的谨慎小心，不懂得走捷径，防卫心太强，这也是质问者自身的缺陷给他们的生活带来的局限。那么质问者就不能成功，不能创造自己的价值了吗？当然不是，质问者也是可以进化的。

质问者改善自己的方法

九型人格中没有绝对的好坏，每种人格各有优缺点，质问者也不例外。有人说质问者很可爱，他们先把自己吓死再浴火重生。平时对什么事都充满怀疑，自己吓自己，时常焦虑，而当真正的威胁和失败来临时，质问者早就在恐惧的底线上习以为常了，反倒能"物极必反"地爆发，做出他人不敢做出的事情。

如果质问者能在平时消除自己不必要的焦虑，在关键时刻抑制自己的过激，这就实现了人格的进化和升华，人格升华后的质问者会变得对付出无怨无悔，对挑战无所畏惧，成为真正的强者。

质问者要如何达到这种境界呢？那就是把恐惧感放大到极限，然后再消除它。恐惧本身并不可怕，当一个人从小到大越过了重重恐惧，最后把死亡都看清楚了，那还有什么好恐惧的呢？

此外，质问者的多疑多虑也可以进化为居安思危。杨阳和朋友成立了一家外贸公司，大家一起面对困难，经历挫折，当其他人因为失败一个个离开时，只有忠心耿耿的崔浩依然陪在他身边。

经过几年的艰苦发展，杨阳的事业终于越做越大，有了自己的公司，杨阳觉得是时候享受生活了，就对公司放松了管理。

这个时候，质问者人格的崔浩站出来说："未来多变，我们要居安思危啊！"杨阳开始还不理解，觉得崔浩疑心病太重，不会享受生活，可没过多久，国际市场突发变化，很多公司纷纷倒闭，因为崔浩的未雨绸缪，时刻警惕，公司才成功度过了危机。

杨阳对崔浩非常感激，拍着他的肩膀说："我们辛苦多年才有了今天的局面，我以为可以安心享受了，你却时刻保持警惕，这次多亏了你的疑心病我们才能转危为安啊！"

质问者的谨慎也可以理解为考虑周到，当他们打消了过分的焦虑后，这种谨慎多虑就会成为可贵的品质，在逆境中可靠无畏，在顺境中居安思危。这就是质问者升华后的魅力。

克服了恐惧，消除了焦虑，抑制了冲动，把自身的优良品质发挥得更好后，质问者的完美人格会闪烁出动人的光芒。

客观地说，每种人格都可以得到提升，只要能突破人格的局限，每个人都能活出更高的人生境界。

第八章　七号享乐型：会享乐才会感觉幸福

享乐主义者追求的目标永远是快乐，他们关于明天总有很多美好的梦想，也有一些不切实际的幻想。做事的过程中，他们具有创新意识和积极向上的人生态度，但总是显得有些不成熟、不负责任和虎头蛇尾。他们追求行动的自由，因此很难从头到尾投入到某个长期计划之中，除非他们在实施这个计划的同时还有别的选择。

天性乐观的享乐主义者

享乐主义者是追求享乐的乐天派。他们天性乐观，喜欢追求新鲜刺激的体验。对于生活中的困难，他们常常抱一种无所谓的乐观心情，他们总是大大咧咧，精力充沛，言谈举止掩饰不住搞笑，甚至给人一种“没心没肺”的感觉。他们的人生信条是：“我的快乐我做主！”

享乐主义者的主要性格特征

1. 乐观开朗，活泼好动，是快乐的天使，常给周围带来快乐。

2. 考虑问题很积极，但真的发生问题，可能会以追求快乐的行为来逃避。

3. 喜欢追求生命中自由自在的感觉，不喜欢被环境或他人束缚手脚。

4. 害怕沉闷的生活，总是积极参加各种新奇或刺激的活动，追求多元化的快乐感觉。

5. 喜欢拥有多重选择，单一的选择会让他们觉得索然无味。

6. 他们常常是社交场合活跃气氛的关键人物，扮演不可或缺的开心果角色。

7. 只要有新奇事物存在，他们就会乐此不疲地去享受这种新奇的感觉。

8. 他们待人坦诚率真，感情不加掩饰，常常给人一种没大没小的感觉。

9. 眼神古灵精怪，面部表情丰富，常常带着开心的笑容。

10. 身体动作比较丰富，手势多且夸张，常常喜笑颜开，手舞足蹈。

11. 语速很快，声音洪亮，语气和神态都带搞笑，说话没有重点，常常跑题。

享乐主义者的自我修养

对于思维跳跃的享乐主义者来说，学会自我控制和专注显得尤其重要。将情绪专注且指向单一的存在状态，这时为了寻求圆满，享乐主义者会尽可能从周围的事物中寻找灵感。

健康的享乐主义者可以放慢脚步，不再走马观花，而是仔细端详一路走来的无限风景，无论是万里晴空，还是阴雨绵绵，都是他们生活中的一分色彩。他们可以对事物产生深刻的感受，也能从周遭无穷的事物中得到永恒的欢乐。

在成长的过程中，享乐主义者深刻地体会到所谓完整的体验只能在内在发生，他们会用心将深层且具有承诺的焦点放在真正有价值而且确实存在的事物上。

他们能够充分展现他们骄人的才华，因为他们是那种只要专注就能有所成就的人。而他们越是加强自我控制的能力，越是能够发挥出更多的潜能，成为多才多艺的人，带给人们更多的欢乐。

当享乐主义者向观察者类型的人发展时，他们则不仅仅只是追求过程的愉悦，还能进一步去深思其中的奥妙。他们觉得生命是美好的，不再是因为他们只选择去看好的一面，而是不管圆满还是缺失，不管美味佳肴还是粗茶淡饭，他们都能咀嚼出甜美的滋味。他们觉得一切都是上天的恩赐，所以能够知足、感恩。

开心工作的享乐型领导

享乐主义者领导一般都是为快乐而工作，他们工作的场合常常也会变成快乐的舞台，整个团队的文化是快乐的，让人感觉轻松而愉悦。他们的人生以快乐为导向，他们最恐惧的就是只是忙于工作，成为金钱的奴隶，错失了太多的快乐。

享乐主义者领导的特点

享乐主义者上司在工作中常常不要求员工有严格的等级观念，只要在正式场合保持基本礼仪就可以。所以，他们的言谈总是给人轻松搞笑的感觉，他们还会经常跟员工开各种玩笑。

在有些每天进行重复性工作的环境中，他们很可能在工作期间给大家发一些小笑话、搞笑网页或奇闻逸事的帖子。他们始终注意去激发众人的热情，让大家在轻松、欢快的氛围中开展工作。

如果你能融入并享受他们所带来的轻松气氛，你的生活也会产生变化，不再那么呆板，不再只是埋头工作，不再那么拘谨，这种团队氛围必将促使你更多地发挥创造力和热情。

享乐主义者人格上司追求新奇、刺激，不喜欢重复的没有创意的工作和管理方式，在工作中总是会有很多新创意或新计划，和他们在一起很少能感觉到沉闷。

他们喜欢新的工作内容，不断开拓新的市场领域，喜欢新的工作方法，喜欢另辟蹊径。在工作中他们力图避免沉闷，甚至有过分追求新创意、新尝试的倾向，以至于忽略了工作业绩的要求。

他们心急火燎地推广自己的创意，一旦有了新想法，总是希望立即执行，也会不断催促自己的员工去具体实现他们的想法。

享乐主义者老板的下属除了要懂得欣赏他们求新求变的作风，在自己的工作中加强创新能力之外，也要懂得辨别他们真正的想法和他们的突发奇想。

享乐主义者老板有着太多的想法，而且他们很善变，人们很难知道他们真正的想法。作为他们的下属，应该懂得对他们的新点子进行判断，对他们反复强调的点子要加以重视，但是他们随口所说的一些话，千万不要太当真。

享乐主义者领导的工作作风

享乐主义者所领导的团队是快乐的，因为享乐主义者领导喜欢率领团队尝试新东西，不计后果地去经历一切，并且能在工作之外，想出别出心裁的点子或嬉戏休闲的提议，使得整个团队进入一种空前狂热的状态。

享乐主义者领导与其他型领导者不同，享乐主义者领导具有享乐主义者性格所具有的一切品质：他们是概念革新家，是灵感和创新意识的激发者，是追求刺激和危险的代名词。

作为一个领导者，享乐主义者喜欢将新计划概念化，并以自己的兴奋感以及展望来鼓舞他人融入自己的团队之中，从而使员工在工作之中能够集中精力专心致志地工作，工作之外则能痛痛快快地玩耍，最终使团队达到一种“劳逸结合”的最佳境界。

享乐主义者领导是不会让他的员工经常做些沉闷而又毫无情趣的事情的，他们会经常变着花样搞出些别人想不出来的新花样，使得原本单调至极的工作变得很有趣味性。

作为享乐主义性格者，那种天生的说话艺术和表演技巧在这类领导者身上体现得淋漓尽致，也为他们带动团队的整体情绪奠定了坚实的基础。

享乐主义者领导还会假装知道得更多，从而使员工对他们产生崇敬和敬佩之心，忠心地听从他们的安排。的确，享乐主义者领导的安排也是令人愉快的，他们会坚持积极的选择，而不会产生疑虑，能够把理论与实践相结合，并且结合各方面力量，来努力实现他们的构想。

享乐主义者领导也有一定的缺点，他们往往喜欢将精力投放于那些自己感兴趣但不切实际的想法当中，并且会为了实现这一想法而不计后果地付出，这样很多员工也不得不按照他们的旨意去行事，结果既耗费了大量的人力、物力，工作又没有丝毫进展，团队效益之低下可想而知。

更为致命的是，享乐主义者领导在任何一项自己制订的计划付诸实施的初期，往往能够保持高度的热情，但是在最初阶段过去后，他们就失去了热情，又开始重新思考着另外一项新的计划。这样使得员工又不得不中途放弃原来的计划，转而听从新的安排。

享乐主义者领导这种致命的缺陷，使得他们可以做一个很优秀的员工，但是很难做一个成功的领导者。

兴趣是享乐者的工作动力

享乐主义者的职场特点

在职场，享乐主义者一般都喜欢工作的过程，同时，也喜欢大家相互尊敬、用心投入的感觉。他们认为，工作过程比结果更重要，领导说了什么并不是他们最关注的事情。他们真正在乎的是同事的认可。享乐主义者喜欢均衡的权力，难以服从机构的各种规章制度。当他们受到规则约束时，会对规则挑三拣四，满腹牢骚，或者想办法逃避。

享乐主义者还是学习的快手。他们喜欢快节奏的有趣工作，能够让他们有多种行动的可能。他们喜欢领导只给出总体安排，具体细节可以自己在实践中学习。在按部就班、毫无新鲜感的工作环境中，他们往往无法出色发挥自己的才能。

在团队中的享乐主义者，能够确保为团队提供新颖的想法和有关领域的最新发展情况。他们不断接纳新的知识和信息。他们会是新技术的最先掌握者，在他们感兴趣的领域，他们会是领头人。他们喜欢与进行相似工作的团体保持联系。他们是很好的团队代表。他们可以为自己的产品卖力宣传。

他们是敢于冒险的典型，喜欢新的选择、新的方向、新的方案。他们可以看到大部分人都无法看到的潜在可能性，而且他们愿意为所有的可能性去进行试验。享乐主义者“不切实际”的坚持和他们常常分散的注意力会让其他团队成员无法认同。

享乐主义者可以成为编辑、作家或者讲故事的人。他们往往是新模式的理论家。他们是计划者、组织者和创意收集者。他们寻找让自己情绪积极向上的自然途径。

他们是永远的年轻人，为了保持自己的健康和活力，他们会经常光顾健身中心和保健食品商店。他们的形象会出现在医疗保健杂志上。他们是理想主义者、未来主义者，也是世界级的旅行者。他们还是美食和美酒的热衷者。在大学里，他们是跨学科研究的带头人和推动者。

通常，我们不会在例行公务的工作中看到享乐主义者的身影，因为这样的工作是没有冒险精神的。实验室里的技术人员、会计和其他可以预计结果的工种，都不会是享乐主义者的选择。另外，他们也不喜欢为一个苛刻的老板工作。

享乐主义者在工作中的表现

享乐主义者对那些创造性的工作永远充满兴趣。在工作的初始阶段，他们的作用尤其明显。他们愿意去尝试，愿意把新的理念注入自己的想法中，愿意从反对者身上发现共同点，愿意去发现所有事物的美好面。

他们擅长在项目的黑暗期或者情感的危险期，带动周围人的积极情绪。对于冒险性的计划，他们充满了兴趣和能量。他们愿意为一个有趣的项目、一个有意义的目标努力工作，而不是像他人那样为了薪水和个人利益工作。

享乐主义者对工作的逃避有两种表现。首先，如果他们的计划充满了美好幻想，他们就宁愿沉浸在这种想象中，而不愿去面对现实中的枯燥工作。

其次，工作意味着对一件事情做出完全承诺，意味着认真对待一件事情，而不是在多种选择之间徘徊，享乐主义者说，他们害怕放慢脚步，让自己投入到单一的行动中，因为承诺总是意味着枯燥和痛苦。

从精神层面来看，享乐主义者喜欢想象积极正面的事情，他们会沉浸于自己的想象能力中，当他们能够纵容自己的欲望，感受尽可能多的刺激时，他们还会感受到一种身体上的兴奋，就如同醉酒后的疯狂。

享乐主义者的心中装满了对未来的宏伟计划。在他们的宏伟蓝图中，他们的各种爱好和舒适享受被集合成一个整体：生活中没有冲突，所有事情都顺顺利利，有很多刺激，没有困难和障碍。

他们喜欢帮助他人，为他人带来新的想法。他们会是出色的网络工作者和智囊团的策略提供者。

要爱情自由的享乐主义者

享乐主义者的情感特征

享乐主义者在对待情感方面比较随意，他们喜欢去冒险尝试所有的美好，随心所欲地寻求自己所需要的快乐，但他们又不喜欢做出承诺，而且经常会有点儿见异思迁，有一点儿花心。

一般来说，享乐主义者对待感情主要有以下一些特征：

1. 享乐主义者喜欢自由自在的伴侣关系，不喜欢被束缚的感觉。他们是那种“不能做恋人，但还可以做朋友”的类型。

2. 享乐主义者如果已经确认与某人进入了一段关系，可能同时还会向其他人施展魅力。

3. 享乐主义者喜欢刺激和快乐的关系，忽视生活中平淡无奇的一面。他们受不了抑郁的伴侣，常常会选择远离他们。

4. 享乐主义者自我认知较高，常常期待自己的伴侣给自己足够的欣赏。一旦关系出现了问题，享乐主义者往往会选择玩乐来回避，让双方没有讨论问题的时间。

5. 他们非常善于让伴侣高兴起来，总是能找到快乐的理由。

6. 尽管做出承诺很难，但是享乐主义者也会在分手后怀念美好的时光。

享乐主义者的情感生活

享乐主义者重视感官的刺激，他们总是要透过五光十色的世界寻找无限的可能性，他们很难将注意力凝聚在固定的爱人身上，因为一旦将注意力集中，便会觉得快乐被剥夺了。

他们的目光总是忍不住投射在不同的异性身上，尤其容易被新异性的某个以往自己没有体验过的特质所吸引。这就导致享乐主义者在婚恋关系中存在不定性的问题。

由于害怕限制，他们往往不愿结婚，除非玩够了，因此他们与许多异性都不过是露水情缘，过眼云烟，即便是结了婚，也往往是三心二意。

作为享乐主义者的伴侣，恐怕终日都要生活在担心他们变心的恐惧中。享乐主义者不仅喜欢自己追求新鲜刺激感，还会在日常生活中费尽心思地安排各种好玩、新奇、刺激的事情，以此来赢得伴侣的喜欢，更希望伴侣能够与自己一起亲身体验各种新鲜事物。

他们希望在这些体验中来感受彼此内心的快乐，并把这种快乐看作爱的关键。然而，他们的以自我为中心倾向使得他们缺少体察别人感情需要的敏感度，容易给伴侣巨大的压迫感。只有当走出感官刺激的迷途，享乐主义者才能真正认识到爱情和婚姻的真谛是平淡而非刺激。

享乐主义者思维灵活，追求生活的多样性和新鲜感，因此，他们在生活中经常有很多点子，并会要求自己的伴侣来配合他们的这些创意，这使得他们常常给人以古灵精怪的感觉。

但如果伴侣不能理解或跟不上享乐主义者跳跃性的生活节奏，抑或是伴侣对享乐主义者表现出不耐烦的情绪，享乐主义者的内心就会产生抗拒爱人的感觉，因为他们觉得你的态度本身就是一种压力，并因此与你产生距离感。

如果伴侣在生活中过多地限制享乐主义者的想法及行动，特别是反对他们追求自由以及体验生活中的各种刺激时，往往会激发与享乐主义者的争执。

但享乐主义者往往不会直接面对这些不愉快的争执，而是选择逃避的方式来避免与你接触，同时自己仍旧去体验那些快乐、新奇、刺激的事物，这常常让伴侣觉得享乐主义者没有责任感，从而加剧彼此之间的冲突。

对于享乐主义者来说，他们常常会在结婚后感到失去自由的苦恼，也会为婚后带来的问题而感到后悔不已。“如果我还是单身，那该多自由自在啊！”他们会缅怀起结婚前的黄金岁月。

归根结底，是享乐主义者还没有意识到人际关系尤其是一对一的爱情婚姻关系本身就是一种束缚，只有当享乐主义者明白了这一点，并看清人生不会只有顺境与乐事，世界不是为人而设的游乐场，人生本来就是由悲欢离合构成的，才能够放下对快乐的偏执，正确地看待自己与伴侣的情感关系。

享乐主义者喜欢与伴侣分享快乐的事，平日闲谈都是围绕一些令人精神爽快的话题。他希望伴侣带给他的信念是“生活是美好的”，希望双方是因为快乐才在一起的，没有任何约束和限制。

他们不愿面对负面情感，让他们坐下来感受悲伤简直是不可能的。他们的心思会立即转移到积极的选择上，这能给他们带来快乐，让他们继续前进的有趣选择。

是否真的去做并不重要，他们只要从选择的可能性中感到快乐就够了。当伴侣坚持要讨论负面影响时，享乐主义者会觉得是伴侣要强迫他们面对不高兴的事情。如果他们无法摆脱，他们就会很生气。这常常让他们的伴侣感觉受到冷落，从而可能给他们的关系埋下隐患。

因此，享乐主义者需要学会接受伴侣的负面情感，要明白不是每个人都可以整日保持轻松愉快的心情，而且生命中亦有一些人人都会面对的严肃问题，不是开怀大笑一番便可以迎刃而解的，所以忧愁不一定是一种消极或病态的反应。你可以尝试拿出耐性来，体会一下为何伴侣会陷入低落的情绪中，然后运用你的机智，与他一起面对问题和解决问题。

与享乐主义者相处的秘籍

享乐主义者的人际关系

享乐主义者喜欢追求快乐，他们害怕生活单调乏味。这样的特点，使其在人际关系上会牺牲自己的部分快乐，以寻求长久的快乐。享乐主义者常常是工作或者社交场合的开心果，有他们的地方就有笑声，他们给这个世界带来欢乐，是活跃气氛的高手。

因此，只要掌握了他们的人格特质，正确对待他们的作为，采取一些他们能够接受的方法，与他们相处就很容易，交个朋友也不是很困难的。

享乐主义者善于交朋友，他们常常拥有各种类型的朋友。他们拥有一颗童子的心，非常能感染别人，是很好的公关人员。

享乐主义者常专注于玩乐的事情，却难以注意他人的需求。另外，他们常常非常随性，说话口无遮拦，有可能无意中给别人造成深深的伤害。

享乐主义者常常不自觉地逃避现实中的困难，很难对自己严格要求。他们会用享乐来逃避责任，逃避可能让自己痛苦的事情，没有承担痛苦的勇气。

享乐主义者如果发生错误，常常会推卸自己的责任，把自己的过错合理化。他们还爱好自由，对于身上的责任常常很快摆脱，不断逃避自己的责任。

无论是爱情还是生活，享乐主义者常常害怕做出承诺，而且即使无奈承诺，也会不守信用，他们的这种行为难以让他人和他们建立深厚的关系。

如何与享乐主义者和谐相处

享乐主义者性格外向、待人主动、乐观贪玩。倘若你想与享乐主义者接触，一定要以一种轻松愉快的方式和他们交谈，这样才可以建立彼此的好感。在享乐主义者的眼中，过于严肃、拘谨的人往往是无趣的。

他们不喜欢被条条框框所约束，他们喜欢放任自己，喜欢我行我素。他们讨厌受限于任何事的感觉，总是“在我的最佳时机”，以他们独有的模式做事，以此来避免痛苦、羞辱或沉闷。所以在与他们相处时，就有可能要承受他们带来的失望或背叛。

享乐主义者是忠诚、支持他人而激励人心的伴侣，他们能提供别人平常可能体验不到的感受，他们认为拥有多重伴侣是非常合理化的，因为在他们看来，每个人都是独特的，而且不会影响他们对其他人的感觉，婚姻的承诺被看作“我必须体验的一个如此彻底而全然荒谬的想法”。然而，他们一旦对对方允诺，就能够持续一辈子。

贪图享受的他们，是比较懂得体验生活的人，他们认为经历比成功更重要。他们讨厌无聊，尽可能让自己忙碌，广交朋友，喜欢每天把活动都排得满满的。他们喜欢刺激和松散的关系，不喜欢稳定和依赖的关系。所以，成为他们的朋友，就一定要懂得忍让和体验。要信任他们，要对他们的忠心保持信任。

他们逃避现实，总是关注着什么是未来可能发生的，不为现实着想。总会有不着边际的幻想。享乐主义者认为有兴趣的事情才会让他们着迷。想与享乐主义者相处，就必须有让他们很容易对你讲的事情或者是发生在你身边的事情提起兴趣。

当然，如果没有能够引起他们的兴趣，就可以作为一个倾听者倾听他们诉说伟大的梦想和计划，不必马上击破他们脱离实际的幻想，把它当成是一种分享想法、分享喜悦的方式。

享乐主义者逃避痛苦，乐于分享喜悦。他们愿意把精力用在使人们感到快乐的事情上。一旦痛苦的经验接近，他们就会逃得远远的。如果你想帮助他们，看到他们逃避问题时，不妨提醒他们，找时间静下来面对问题，把问题想清楚才有助于问题的解决。

向享乐主义者提出不足和错误时，请不要用一种高姿态的批评或指示，将这些批评或者指示用一种建议、提供参考的口吻告诉他们，他们会比较容易接受。

享乐主义者喜欢探索，拥有多种选择。头脑灵活的他们，变通快，点子多，勇于尝试。当面对一件事情，如果向他们提出不同的见解、方案时，可能他们当下会有点儿反弹，但一定要记住，享乐主义者是善于思考的，只要给他们重新思考的时间，他们自然就会判断是否接纳你的想法，或是找时间跟你进一步讨论。

怎样完善享乐主义者的性格

享乐主义者的性格缺陷

享乐主义者是天生开朗、贪玩、喜欢新奇事物的人，他们追求自由自在，有着率性的生活。享乐型是九型人格中最为潇洒的一种人格类型。处于顺境中的享乐主义者，他们充满欢乐、乐观豁达；对人热心且又宽容；有想象力与创造力；他们精力充沛、多才多艺、具有鉴赏力；他们能够为人群带来欢乐，能够让人觉得生命充满希望。

但是，在很多时候，享乐主义者也会显现出自身的一些性格缺陷。他们的性格比较冲动，有攻击性，爱逞英雄，有时行为失控，喜爱夸张炫耀，常常喜欢以小搏大，还喜欢在娱乐中逃避现实。具体表现在如下方面：

1. 享乐主义者性格比较冲动。冲动不仅让他们的分析判断能力降低，还会使人际关系受到损害。

2. 享乐主义者乐于分享喜悦，把精力用在使人们感到快乐的事情上，但是他们会显得以自我为中心，使别人没有了发言权，对他们产生避而远之的想法。

3. 享乐主义者不信赖任何人。所以，有时他们虽然对别人做出承诺，却会无意识地逃避责任。

4. 很少用心去聆听别人的感受。享乐主义者的关系建立在共享的愉悦上，所以很难深入了解别人的内心感受。当享乐主义者逃开痛苦，或试图“解决”朋友的痛苦而受挫时，朋友和伴侣可能会受伤。

5. 享乐主义者从来不缺朋友，但是，“有质量”的朋友或者说知心朋友却寥寥无几。

享乐主义者怎样完善自己

为了达到自己的目的，享乐主义者努力在世界上寻找快乐，用以掩盖心中的恐惧。他们体验生活的方式比较肤浅，不能用心去挖掘事物深层次的道理。他们虽然喜欢幻想，但是，却能把承诺的焦点放在确实存在的真正有价值的事物上。

他们不敢接触痛苦的弱点，使得通往成功的途径有时被阻塞。如果受到时间或空间的限制，逼得他们对某些事不做不行的时候，靠着他们的智慧使事物达到圆满成功也是可能的。

要想让享乐主义者摆脱对痛苦的恐惧，而面对事实进行深层次的探究，不比让他们下功夫实实在在地做完某件事情感到轻松。

假如我们是享乐主义者人格的人，就要大胆地承认自己的弱点。因为只有知道了自己的不足，才能总结出有利于扫除自己前进障碍的方法。我们克服自己的弱点的方法并不复杂，只要认认真真地去做，成功并非可望而不可即。

1. 如果你对某项正在进行的工作有了很科学的想法，而且这种想法会使工作的完成时间向后推，你要把这种想法及时地告诉你的合作者，以免他们感觉到被你冷落，也有利于他们很好地配合你。

2. 不要以为别人都很虚伪，要耐下心来倾听别人的意见，并对其进行深层次的分析。你有可能惊奇地发现，他们的意见和你的一样真实。

3. 假如你是领导者，已经委任某些人去做某件事，而且此项事情正在进展中，你却有了更有效的方法，不要认为自己什么都行，把下属找过来一味地指手画脚，要采取些策略，既让下属按照你的想法去做，又要使下属心情舒畅。

4. 当你接受不了朋友的痛苦的时候，在你离开之前，一定要向他们讲清楚你的感觉，以得到他们的理解，否则对日后的关系极为不利。

5. 如果谁来向你讲述一件事情，你已经觉察出他那样做对他本人或对事情本身很不利，而且你又有了很好的想法。这时，不要急于告诉他，需首先用一种迂回的方式询问他是否喜欢你的告诫或帮助，然后再决定说与不说，或者如何去说。

6. 由于你很富于想象，往往在某件事情还没有做的时候就已经把过程过滤了一遍，所以在安排工作时或向领导汇报时，会误以为讲过了。每当遇到这种情况，都要再仔细地想一下，自己是否真的说过了。

7. 要对自己不愿接受批评的这一弱点时刻警惕。假如你在听到别人批评你时，表现出了反感或愤怒，过后一定要告诉对方不要放在心上。让他们知道，那种批评即使是影射性的，你也相当敏感。

8. 如果你没有控制住自己的情绪，发起怒来，可以充分利用这一信号，那就是在这个时候倾听对方正在说些什么，并尽量考虑它是否真实，这样很可能会发现自己的发怒是出于何种恐惧。事后，再想想这种恐惧有无必要。

9. 由于我们这种人格的人总会觉得自己非常美好，实际上，我们的缺点很多，如何证实自己的缺点呢？闲暇时，评估一下让我们自卑的人和让我们感到优越的人，我们和他们有哪些不一样？

10. 让心绪与痛苦保持距离是我们的一贯做法，实际上这种做法利弊兼半。这样做，如果是小事或者真的与己没有大的关联，躲避一下就过去了，不陷入痛苦是正确的。如果是一件大事，而且与自己息息相关，也采取思想逃离的做法，不去思考应对措施，等待我们的将是更大的痛苦，因为事实往往是躲避不了的。

智能听读 扫码听书

第九章　八号支配型：做命运的主宰者

支配者实力强大，善于利用自己的特长，毫无保留地支持自己认为有价值的事情，并且能够迅速地采取行动。他们追逐权力与地位，争强好斗，但也能尊重那些坚持自己立场的人，即使这个人是他们的对手。同时，他们又追求公平和正义，能够保护弱小者，尤其愿意保护那些属于他们阵营的人。

支配型的人有啥过人之处

支配者的特征

支配者是九型人格中的领导者，他们在生活中希望依靠自己的实力来主宰生命，并且喜欢控制身边的一切人和事物。他们处于优势时，常常毫不掩饰自己的王者风范；当处于劣势时，也常常在积蓄力量，等待时机去充分反击。他们霸气十足，有勇有谋，绝对掌控一切，他们的人生信条是：“一切听我的。”

支配者希望一切在自己的控制中，他们讨厌失去控制的感觉，这样的特点使得支配者陷入一定程度的偏执。因为这种偏执，他们在情爱关系上要么是控制对方，要么就是臣服于对方；在人际关系上要么是支配者的角色，要么就是被保护的角色，并且把满足个人欲望的生存作为自我保护的手段。

支配者的性格分析

支配者一般是精力充沛、情感强烈、专横霸道、叛逆、独断独行的人，他们工作卖力，玩乐也卖力，乐于承办任何他们所参与的事业，从策划一场旅行到经营酒吧，甚至主持国际性的商业餐会，都是他们的强项。

他们看似具有攻击性，通常觉察不到自己的冲击力，而说自己只是直截了当。他们拥有一定的个人伦理，涵盖了整合、真理和正义，通过个人伦理，他们以正反对立的角度来观看世界。虽然他们重视公平，却不太乐意听到其他人的观点。他们对情况采取快速的反应，而且多半易怒。那些闪闪躲躲、半吊子、把事情合理化或态度似乎有所保留的人，一旦面对他们直截了当的态度，都会被他们击败。

支配者信任与他们精力相当的人，而且对公开的议题会变得专注并支持。其他人可能会惊讶地发现，他们如果反击，反而会被支配者喜欢，而争执一旦结束，怒气很快就被淡忘了。他们大多数时候都表现出冲动的行为。刚开始虽然低沉而烦闷，但是他们通常非常主动，不过某些人会坐在原位好几天或几个月“什么也不做”，他们所持的理由是“如果没什么值得去做的事，为什么还要做呢？”。

他们做任何事都很极端，在尽情玩乐的舞会中，他们会是最后离开的人。但是他们如果承诺达到某个目标，也会是最后离开工作岗位的人。如果他们看到事情的价值，他们会埋首苦干，鞠躬尽瘁。如果生活很平静，他们会增加本身精力的投入，让事情沿着自己的思路进行。支配者总想要控制一切。他们站在舞台的中央，坚持追加议题，似乎只有在指挥事情时才会快乐，他们对权力有一种直觉的感应，他们深知权力是否会受到威胁，以及如何夺回控制权。这些不一定总是像其呈现得那么截然清楚。

他们自我控制的情况没有那么明显。大多数支配者说他们感觉到自己不断退缩，唯恐他们的精力和情绪淹没了自己和别人。对重大而要紧的事情，他们可能会花时间去处理，而对相关人物的愤怒则被搁置一旁或压抑，直到压力大到把它逼出来，通常是爆发出来。

支配者的脆弱隐藏在他们内心。如果信任他们的深层感觉，他们会是天真的，而且深受背叛所伤。他们通常是无意识地透过引发痛苦的议题或是做出斩钉截铁的短评，来测试别人的可信度。

为了表现坚强，他们不允许自己去承认自己的需要。一旦他们这么做，“去要求是这么难，它可能像命令一样出现，因为背后有这么多力量”。支配者还发现很难表达他们最真实的思想和感觉，而且当他们试着去做时，想要说出真相且被了解时，在他们感觉到已经画好一幅完整图像之前，可能要经历一段很长的对话过程。

支配者是朋友和所爱的人的极端的支配者和支持者，他们会为受到不公平对待、不够强壮到足以为自己争斗的人而努力抗争。他们是强有力的人，大多数享受于授权给别人的乐趣。

支配者性格的人可能会成为两种极端的人。一种是愤世嫉俗、逞威风、破坏法纪、手段强硬的人，他们觉察不到别人的感觉，通常会利用力量、谎言、操纵或暴力去达到自己的目的。另一种支配者具有深层的爱，他们保护他人，而且使用自己的力量和天生的权威，为弱者或家庭同社会中的黑暗和邪恶战斗。当然前者人数为少数，后者则是大多数。

自信强势的支配型领导

支配型领导的特征

有一句古话叫“宁做鸡头，不做凤尾”，说的就是支配者。只要有可能，支配者就会选择自主创业，做老板、当领导是他们的天性。支配者不喜欢被别人领导，更不喜欢跟别人分享权力。不得不承认的是，支配者的控制欲让他们成为天生的领导者。他们具有攻击性，不愿意授权，喜欢亲力亲为。他们有着超强的领导能力，在事业开拓期，他们常常有出色的表现，但一旦进入事业的平稳期，他们的领导才能就没有那么明显了。因为只有在竞争中，他们的能力才会被激发出来。在领导工作中，他们常常会表现出以下特点。

1. 做事冲动，常常更改自己的指令。刘主任是典型的支配者性格者，他的职业是一家国企的培训师，他有几个助手，对他言听计从。这些助手刚开始跟着他工作的时候，对他的行事风格不了解，常常被弄得团团转。比如，今天他有一个想法，然后吩咐助理去办，但当助手做好一切准备工作后，他的想法又变了。经过几次的折腾后，这些助手都变精明了，当刘主任对他们下达指令的时候，他们并不立即执行，而是先等一等。如果刘主任上午提出这件事要办，他们会等到下午，如果刘主任再次强调了，他们才会去办。

这里，刘主任的行事作风从一定程度上反映了支配型管理者在管理过程中做事比较冲动、决策过快这一特点。

2. 强权式管理。支配者在管理的过程当中，喜欢强权式的管理方式，这也是他们喜好控制的性格特征的一种表现。

3. 目标明确，方向感强。支配型的领导有着强大的毅力，他们常常能带领团队迎来成功和辉煌。他们可能并没有很清晰的目标，却有着很明确的方向。比如，在创业或者经营企业的过程中，他们会告诉自己，我一定要把企业做大，而至于要做到多大，他们并没有固定的标准，但总的来说，壮大企业就是他们的方向。

4. 手腕强，大刀阔斧。如果他带领的是一个团队，那么，在遇到问题时，他一定会披荆斩棘，不畏艰难险阻。

5. 武断、听不进去意见。支配者性格的领导者是很有力量的人，他们做决策时很少拖泥带水，但是这样也会带来一些负面影响。他们在做决策的时候，越是遇到有人反对，越是会固执己见，而到头来，他们往往发现自己错了。支配者喜欢对抗，越听到不同声音，他们越喜欢坚持己见。这个时候他们可能赢得胜利，但可能也会付出代价。

如何与支配型领导相处

支配型人格者自信、果断、勇敢直接、大方，喜欢做决定，和这类人相处，可以尝试以下方法：

1. 欣赏支配者强势、进取以及追求公正的个性。

2. 与他们沟通尽可能直截了当，不必拐弯抹角，他们对诚恳和尊重非常敏感。

3. 跟他们沟通，需要有沉稳、忍耐、诚实、强势的态度，这样才能赢得他们的信赖。

4. 发生争议时，要以客观、冷静、对事不对人的方式处理，让他们感受到公正和被尊重。

5. 在讨论时，用精准的语言让他们知道你的观点，以严密的思路进行可行性分析会受到他们的好评。

6. 他们可以接受直接的批评，但不要取笑或讥讽他们，这会使他们产生敌意，做出攻击的行为。

7. 支配者有较强的控制欲，在小事上要尽量顺从他们的决定，但在原则问题上还是要坚决据理力争。其实支配者是不介意你的对抗的，也许你越是跟他们闹得脸红脖子粗，反而越能赢得他们的尊重。

8. 如果他们伤害到你，要告诉他们，因为他们可能不是故意的。

公平是职场支配者的信念

支配型员工的特性

他们注重实际，对于工作能带给自己的利益问题，他们也常常会考虑；他们即使不是领导，也会表现得像个领导一样，甚至会完全不顾真正的领导的存在；他们天生是反权威的，他们关注正义和保护问题，当他们的团队有不公平的事情时，他们可能会带领基层群众去和权威对抗，来拿回那份他们所认为的公平和公正。

另外，支配型员工有极强的竞争意识，他们可以成为出色的团队成员，对他们感兴趣的工作，会坚持到累倒为止。因此，企业管理者如果能了解支配型员工的性格特点并能运用正确的方法管理他们，那么，他们一定会为企业高效地工作。

支配者关注的焦点是权力结构。谁掌握权力，他是否公平？支配者是非常实际的人，他们会考虑现实生活中的诸多问题，比如生计、安全和利益。他们要求时间和劳动的公平交易，会强烈支持他们认为公平的系统。成熟的做法是为机构里的弱者提供保护，借此与管理层建立良好的沟通关系。当然，同样的策略也可以成为获取个人权力的途径。

不成熟的支配者是反权威的。他们最在乎的是地位、金钱和权力上的不平等。他们的控制欲让他们反对权威，会给当权者带来潜在的麻烦。他们有一种认为自己战无不胜的错觉。支配者可以成为出色的团队成员。他们是强有力的竞争对手。他们勇于接受困难，不会逃避。他们常常能凭借个人力量，在团队中获得重要位置。

如果支配者感觉自己在主要问题上失去了控制权，他们就会在细节上斤斤计较。所以你应该让他们清楚自己的工作，告诉他们你的观点，然后离开，不要插手他们的工作。如果支配者被排除在一些活动之外，他们会觉得受到了伤害。他们可以不来参加，但是他们一定要获得邀请。

支配型员工的管理

管理支配型员工是一件风险和收益成正比的事。支配者不好管理，但如果管理好了，回报也是很大的。支配者常说的是，“我誓不低头，不要为难我”。支配者虽然非常霸道强权，但他的优点是真诚勇敢，贯彻始终，公平公正，践行诺言，这是非常让人佩服的。

要激发支配者这样的员工，首先要给他权力。正是因为支配者勇敢、公正、坚强，重视成果，不怕苦不怕累，敢于做领袖也适合做领袖，所以你对他可以委以重任，充分授权，关注结果，允许他去培养自己的团队。由于支配者的自我要求非常高，渐渐地，你就会发现，他的效率也高了，工作也进步了，能力也强了。

一定要尊重支配者。支配者对自己的能力有着充分的认识，他希望自己是团队中的中坚力量，得到你的重视，因此他一定会朝着你希望的方向用力。你要注意的是，责骂或者痛斥支配者并不能解决问题，只会让他心生怨恨，招来他的报复。

支配者的控制欲很强，他什么都想控制，甚至是时间。看看支配者的日程表就知道了，他所有的时间安排得满满的。这样的支配者，想不累都难。所以，作为上司，你应该把支配者从这些死死的时间里解放出来，给他描述一个远大的前景，帮他逃离眼前的小事。

支配者是有社会责任感的人。只要有能力，他是很愿意造福全人类的。困境会让支配者的目光变窄，从而影响他的心胸。这就需要作为领导的你来时时提醒他。另外，你还要提醒支配者说话谨慎，因为支配者有时说话太霸道。支配者喜欢自己制定规则，自己再打破它，显示自己的特殊地位。你一定要清晰地向支配者讲明游戏规则，并不断地提醒他。支配者喜欢做的事情之一就是越界，他对扩张势力有着非常浓厚的兴趣，你一定要为他设定非常清晰的疆界。

支配者做人做事非常果断，喜欢共赢。如何跟支配者达成共识？就是要摆事实，拿出详尽的资料，然后立场坚定地对他说，你愿意跟他共赢，并且尊重他。这样的话，他可能就会很果断地跟你达成共识。最后，管理支配者这样能力卓越的人，你需要有宽广的心胸，这样，你才能不计较他经常性的无理态度。

控制欲强烈的爱情支配者

支配者的情感特征

在支配者的心目中，理想的爱情就是自己一生一世地守卫自己的伴侣，并且承担照顾对方的责任。支配者言谈举止随心所欲，他们是天不怕地不怕的角色，他们认同自己的聪明才智、实力与干劲，认为自己可以在社会中站得住脚，获得优势和控制局面。

支配者在亲密关系中，常常喜欢控制对方的一切，不希望恋人控制自己的生活，但在找到安全的感觉时，他们也有可能屈服于对方，并且把自己当作恋人的一部分。一般来说，支配者在情感方面有以下一些特征：

1. 支配者习惯于按照自己的喜好去行事，不习惯于征求恋人的意见。

2. 支配者习惯于监督自己的恋人，希望恋人的行为在自己的控制当中。

3. 支配者常常选择比自己弱小的伴侣，因为他们天生有一种保护他人的欲望。他们习惯于像保护自己一样去保护他们。

4. 支配者希望成为家庭婚姻关系的主宰，但是如果伴侣拒绝被控制，他们也会感觉很有吸引力。

5. 支配者在困难当中，常常是坚定而有力的依靠。

6. 支配者常常不允许自己表现出柔情蜜意，他们逃避自己的脆弱情感。

7. 支配者如果受到伴侣的伤害，他们常常会选择报复。

8. 支配者不害怕和伴侣争吵，相反，他们还把争吵当作双方沟通思想的一种手段。

9. 支配者习惯于承担支配者的角色，不习惯被呵护的感觉。

10. 支配者也可能放下武装，认可自己的伴侣，成为一个真诚的爱人。

总之，支配者在爱情中常常是极具控制欲的角色，他们也是坚定的支配者，是一个侠心义胆的恋人，是危难之时坚定的依靠。他们在亲密关系中常常会发生一些摩擦，他们的爱情是充满刀光剑影的控制和反控制游戏，充满火药味。

支配者的爱情攻略

在爱情中居强势主导地位的支配者，积极争取与目标对象的接触，十分在意另一半的忠诚度，并且习惯定下约束彼此的规定，不过，他们往往又是打破规定的那个人。除非他们在事业上已无挑战的空间，太平的日子过于乏味，或是觉得另一半不够坚强，不够忠心，不然，他们不会发展地下恋情。

因为支配者的聆听能力较差，与他们相处的最好方法就是直截了当，斩钉截铁，不要拐弯抹角。支配者有较强的控制欲，在小事上尽量顺从他们的决定，但是在原则问题上还是要坚决据理力争，其实支配者是不介意你的对抗的，也许你越是跟他们闹得脸红脖子粗，他们也就越是喜欢你。

支配者在爱情中常常比较强势，他们常常会干涉自己的爱人，控制欲特别强。女性支配者肆无忌惮，把男人呼来唤去；男性支配者随意支配、干涉女人的思维和行动。他们的大男子主义和大女子主义显露无遗，一味要求对方妥协，他们的爱人常常没有真正的自由。其实这些看起来“霸道”“独裁”的行为只是支配者对待感情的典型方式。支配者在感情世界中是天生的孤独者，他们注定一生只关心一个人，他们对感情的保护行为其实只是在保护他们给自己划定的地域。

支配者的爱在大部分情况下都是有条件的，他们害怕被人控制和驾驭，哪怕对方是他们最亲密的爱人。他们狭隘地认为，一旦出现别人“掌控”自己的情况，那自己就会从强大走向虚弱。因此，支配者为了不让别人控制他们，就开始控制别人，尤其是那些和支配者有着亲密关系的人。支配者不会让对方近距离地接触自己的内心世界，支配者觉得枪林弹雨的生活也没有一个能够看透他们内心世界的人可怕，支配者对这种人有着天然的戒备心理。如果能看透他们内心的是知心爱人，支配者也会因为戒备心理而疏远双方。

匈牙利诗人裴多菲曾经写下了“生命诚可贵，爱情价更高。若为自由故，两者皆可抛”的诗句，支配者就是那种标准的为了自由可以抛弃爱情的人。所以，面对支配者伴侣，不要让他们产生你要控制他们生活的感觉，只有当支配者觉得你是可以交付终身的人时，他们才会心甘情愿地被掌控。

但是，在支配者交出控制权之前，他们一定会确认自己是否处于“安全”的环境之中。他们会试探对方的底线，时不时地发怒、刁难和探究。所以当支配者怒火中烧或无理取闹时，不要误解他们不再爱你，这只是他们在把爱全部交出前所做的试探，他们只是在给自己寻找安全感。为了自己认定的情感，支配者会变得足够坚强，将要保护的人紧紧地守护在安全的羽翼下。但支配者也渴求伴侣的爱护，也需要在情感的小屋中休憩，只有当他们感觉伴侣值得自己完全信赖时，他们才会放心地将自己的身心交出。

和支配者和平相处的秘诀

支配者的交际原则

支配者绝不是用语言交朋友的一类人，他们一言不发就可以让别人信服。支配者不喜欢拐弯抹角、欲言又止的行为方式，他们喜欢痛快直接、黑白分明的解决方式。有时候，“决斗”在他们眼里是解决事情最公平合理的办法。

很多人都很喜欢金庸先生的武侠名著《天龙八部》中的大侠乔峰，这位豪情万丈、侠肝义胆的人物就是支配者的典型代表。他和结拜兄弟段誉的相识缘于“斗酒”，他和公孙乾的相识缘于“斗掌”，他结交朋友的方式是标准的不打不相识。

这样一个可以用生命来保护朋友、保护爱人、保护无辜百姓的悲剧人物，最后壮烈死去，每个读者都将他视为真英雄。有人说过，金庸笔下万千英雄人物，如果说乔峰是第二，那么没人敢认第一，这就是乔峰这个支配者英雄用豪情建立的江湖地位。

支配者没有太深的城府和心机，思考问题很简单，他们也非常讨厌虚伪、阿谀之人，他们痛恨别人骗他们的感情。所以和支配者沟通交往时，一定要怀着一颗真诚的心，否则，支配者一旦觉察你在骗取他的友情或者爱情，他们愤怒的火焰足以让你胆战心惊。

尽管支配者性烈如火，他们却是最值得交往的类型。支配者不会因为金钱地位将朋友划分为三六九等，他们欣赏的是朋友的才能和品德。即便朋友的出身、性格和支配者完全不同，也不会妨碍他们对朋友肝胆相照，就像《亮剑》中的李云龙和赵刚。

支配者与朋友们的友谊是真正的生死之交，所以，当你和支配者性格的朋友交往时，不要因为害怕他们的不给面子，害怕他们会和你反目而不敢坚持自己的意见，须知这种怯懦反而会让他们更看不起你。

一旦你和支配者朋友发生争执，你可以放心大胆地和他们据理力争，甚至激烈地吵架，这样反而会让支配者更敬重你，在支配者看来，这样直爽的你才配和他们做朋友，这就是支配者独特的思维方式！

支配者在生活中不拘小节，他们相信真相会在争斗中浮现。对他们而言，战争是最好的沟通方式。所以，你要想和支配者建立友谊，就准备好和他们激烈争吵吧。只有让他们认为你是和他们一样的“血性汉子”，他们才会将你接纳进自己的圈子，将你视为和他们一样豪爽的“男儿”。见过草原上一声怒吼就让百兽惊恐的雄狮吗？进入愤怒状态的支配者具备雄狮的威慑力和爆发力，他们会毫不控制地表达自己的愤怒，毫不考虑公众对他们的观感。

特别是当一个人、一件事真正触怒到支配者的逆鳞时，他们的愤怒会呈现排山倒海的力量，其令人畏惧的程度将“前无古人，后无来者”。不过也不要被支配者的愤怒所吓倒，支配者是最够朋友的一类人，他们的友谊也是最容不得杂质的友谊。

与支配者的相处之道

支配者是九种型号中最具有领袖潜力的人。他们追求公平、正义，喜欢保护他人，但同时他们也追求权力、讲求实力，有着强烈的好胜心及控制欲。另外，他们极具攻击性。因此，在生活中，遇到支配者性格者时，我们是需要掌握一定的技巧的。

1. 顺从他们，即时满足他们的要求。九种类型中，1号完美主义者也和支配者一样追求公平、正义，但1号追求的公平是真正的、绝对意义上的公平，所有人在同一规章制度下都是公平的。而支配者则不同，他们追求的公平是把自己排除在外的。

他们喜欢把自己摆在一个较高的位置上，然后俯视其他人。他们内心的想法是，我可以做到对你们所有人公平，但你们不要指望可以试图与我处于同等的地位。基于此，对于支配者的要求最好要即时满足，但请求支配者做事情时却需要等待。当然，如果我们能按照他们的要求完成任务，那么是会获得他们的肯定的。

2．不要指望支配者能主动认错。支配者是独断专行的人，无论做什么事，周围反对的声音越大，他们越是坚持自己的想法，即使认识到自己的错误，他们也不会承认，除非他们能够记住别人做错的部分和自己做对的部分。因此，如果他们在你面前发脾气，你千万不要与之对着干，最好的处理办法就是先痛心疾首地承认自己做错了，真诚地道歉，然后静静地听他们把火发出来。

3．让他们自己做决定。在支配者看来，似乎自己永远是对的，别人永远是错的，对抗与否定就是他们应对这个世界的方法。即越不让他们做什么，他们反而越会做什么。他们喜欢命令别人，却不愿意被别人支配。当被要求做一件事情的时候，他们会本能地抗拒，其背后的声音就是“我为什么要听你的？”，所以最好由他们自己做决定。

4．以诚相待。可能很多人认为，支配者性格的人是很难相处的，因为他们就像一个暴君，需要极大的隐忍与顺从。但其实他们的内心是天真的，容易心软，而且，他们豪爽仗义，只要被他们认可的朋友，无论遇到什么困难他们必定鼎力相助。

要想成为他们的朋友，其实很简单，做最真实的自己。支配者很讨厌虚假的行为，尤其讨厌诸如两面三刀等不光明、不磊落的行为。在支配者面前，当你真实地表现出他们所没有的特质时是很容易得到他们的认可的。支配者需要被尊重的感觉，在支配者面前最好要做到尊重但不卑微，直截了当而不盛气凌人。

总之，跟支配者性格的人相处的秘诀便是慈悲心。他们认为向别人示弱，就会受到别人的攻击。因此，能让他们了解承认自己弱点的人才是真正的强者。

爱憎分明的支配者性格

支配者的性格缺陷

支配者的世界只存在两极，那就是对错、是非或者有无。他们不允许自己的世界存在灰色地带，他们不接受模棱两可、可有可无的态度，这就是极端化的支配者。

支配者否定中立的存在，他们不会跳着模棱两可的舞步，他们的世界不是黑就是白，他们的眼中除了朋友就是敌人，爱憎分明成就了支配者的独特魅力，也造就了支配者的人格悲剧。

支配者的爱是极端的，他们不允许有背叛存在。一旦他们发现爱的背叛就会将这种爱转化为恨，爱有多深，恨就有多重，这是他们的情感信条。他们不相信“爱可以不必拥有，爱一个人也可以放手”的信条。支配者的爱是自私的代名词，他们既追求天长地久，也不会放过曾经拥有。

此外，支配者还是标准的有仇必报的人。他们的复仇心很重，为了达到复仇目的，他们往往不计代价，哪怕付出个人生命。不要对支配者说仇恨不是生命的全部，支配者认定“大丈夫不能快意恩仇就枉活世间”。支配者的仇恨是盲目的，同时也是最难化解的，他们最容易将自己陷入仇恨的旋涡而难以自拔。

支配者喜欢在心里建一堵墙，站在墙里面的人，是他的朋友，是他尽全力保护的对象；墙外面的人，就是他们的敌人，支配者对他们只会冷眼旁观，时时戒备。

当然支配者也会为自己留一扇门，当他们发现墙外面有值得交往的朋友时，他们不管对方愿不愿意，都会将其拉进来。当支配者发现墙内有他们不喜欢的人，也会毫不客气地将对方丢出墙外。

对于支配者来说，他们永远不能明白，生活中有光明和黑暗，就定有交接的地方，爱与不爱之间不是恨。没有永远的敌人，也没有永远的朋友，有些人可以是敌人，也可以做朋友，生活永远不会如你们想象得那么简单。

支配者性格缺陷的改善

支配者是很多人心中的英雄，有时却让人觉得难以接近；支配者有着保护弱者的侠义精神，有时候却被认为行事冲动；支配者敢作敢为，有先天下之忧而忧的责任感，是天生的领袖，可支配者也时常表现出一种侵略感和控制欲。

有人曾经设想，如果乔峰有着段誉的多情，那他也许不会失去心爱的阿朱姑娘，也不会在逃亡路上自尽身亡；有人曾经设想，如果西楚霸王不执着于江东子弟埋骨他乡的凄凉，也许就没有那令人垂泪的自刎乌江。

这种设想只能是一种美好的想象，乔峰有了段誉的柔情就不再是那个让人着迷的乔大侠。霸王还是霸王，项羽不成功则成仁的性格也不会让他演绎出其他结局。

和这两位无法升华的支配者不同，现实生活中的支配者为了更好地生活和工作，为了更好地帮助身边的友人，必须正视自己性格的缺陷，并尽力弥补，以避免重现小说和历史中的悲剧。

首先，支配者不要执着于“顺我者昌，逆我者亡”的狂妄心态。每个人都有自己的尊严，社会中没有哪个人必须从属于另外一个人，哪怕你是万众瞩目的支配者，也不能剥夺别人选择的权利。

即使别人不服从你，支配者也不能用“逆我者亡”的霸王条款解决问题。现代社会关系越来越复杂，没有人会是他人的“主宰”，没有人有权力规划他人的生活，支配者必须明白这一点，生活才能更和谐。

其次，支配者为人做事可以强势，可以充当保护人的角色，但是必须放弃无理的霸道，这样身边的人才会真心地对支配者产生依赖感，支配者才会真正成为众人的核心。否则，支配者的霸道只能让别人反感，别人只会觉得支配者是无理取闹的莽夫。在付出爱心之前，支配者应该冷静地思考一下，如何将自己的付出变成别人能接受的帮助，这样支配者的强势才能被众人接受。

最后，支配者要学会接受别人的帮助，不要把别人的帮助当成怜悯。世界上没有完美的人，也没有不需要帮助就能独立存活的“超人”，支配者不要逃避自己情感上的弱点，掩藏自己的缺点和感受，那只会让你更加封闭和脆弱。

找到一个可以依赖的人，不代表你将被别人所掌控，这只是一个人最基本的情感需要。在生活中，支配者要学会让自己放松，学着重视他人的感受，努力发现别人的优点，放弃控制别人生活的想法，这样你的生活才会变得多姿多彩。

真正做到了上述三点，支配者才会真正明白：人们愿意被保护，却不愿意被控制，人们愿意崇敬英雄，却不愿意生活在霸王的权威之下。只有以支配者自居的支配者学会放下、学会沟通、学会自我反省、学会冷静分析，才能成为最有人格魅力的支配者。

第十章　九号媒介型：了解人心活得明白

媒介者性格温和，也喜欢营造和谐的气氛。他们擅长交际，善于了解每个人的观点，却不喜欢表明自己的立场，而是听取正反两方面的意见，在正反两种意见之间犹豫不决，难以决断，以免和他人发生冲突。这往往使得他们忽略了自己内心的真正需求，给人以没有主见的印象。

媒介型的人是啥性格特征

媒介者的性格特征

媒介者通常被称为“调停者”。他们善解人意，却不知道自己内心真正的需求，即使明白了自己的需求也容易在寻求的过程中迷失，甚至沦为别人思想的附庸。媒介者外表随和，内心却最容易愤怒，他们很容易发现自己内心的自卑，却难以改变这种现实。

媒介者缺乏主见，宁可服从别人的安排，做一个别人的支持者，也不愿意坚持己见，做自己想做的事情，所以在很多人眼里媒介者是优柔寡断的代名词。

通常情况下，媒介者不容易和别人发生冲突。即使别人伤害了他们，只要不触犯他们的底线，媒介者也不会做出激烈的反应，最多也就是自己生生闷气。媒介者与世无争，也希望别人能像他们一样和平相处。媒介者害怕冲突，害怕战争，所以他们很愿意充当调停者，让一切冲突都得到和平解决。

对于媒介者来说，别人的感受是第一位的，只要别人高兴，自己的感受可以适当忽略，因此媒介者学会了事事顺应别人。媒介者能够发现别人的兴趣和需求，他们也很在乎别人的感受，所以他们希望在第一时间把一个问题的方方面面考虑周全，从而找到照顾各方面利益的解决方案，因此他们很难在短时间内做出利益上的取舍。

在这一过程中，媒介者往往会放弃自己的观点，不是因为他们的观点不正确，而是当他们发现众人都有道理时，认为自己的观点已经没有寻求认同的必要。对于媒介者来说，感知他人的观点远比坚持自己的观点更重要。

在遇到必须做出选择的事情时，媒介者往往犹豫不决。他们不喜欢做没有把握的选择，所以没有足以让他们动心的证据和理由，别期望他们做出放手一搏的事情。

媒介者为了照顾别人的感受，放弃自己的观点，却不喜欢奉承别人，但也不会扫兴，所以他们总给人一种老好人的感觉。媒介者看上去很乐观，其实他们内心很忧郁。这就是和善、随和却没有主见的媒介者。

媒介者是九种类型中的和平主义者，他们心中最大的渴求是和谐，他们为了追求周围的和谐，不惜牺牲自己的意志，成为一个跟随者和没有主见的人。他们对于和谐的希望非常强烈，他们害怕冲突，他们认为自己的意见微不足道，只要一切能够恢复平静。他们不懂拒绝，也很少坚持，他们的人生信条是："为了和平，我愿意把自己忘记。"

媒介者的性格分析

在所有九型人当中，媒介者的欲望是最低的，因为在他们看来，只要能够维系内在的平静及安稳就比什么都好。因此，他们的人生格言是：只要我内心是平静的，生活是安稳的，就万事大吉。

媒介者会把伴侣的兴趣爱好当作自己的兴趣爱好，把伴侣当作自己的参照物，而且善于感受对方的感受，无条件地尊重对方，懂得妥协。媒介者的基本恐惧是害怕失去、分离。他们的基本欲望是维系内在的平静和安宁。他们对自己的要求是：只要我内心是平静的，生活是安稳的，就行了。

媒介者自身充满矛盾，害怕冲突，容易妥协。媒介者对他人需求十分敏感，往往更了解他人，却不确定自己的需求。媒介者喜欢做调停工作，好维持和谐、和平的环境。

媒介者为人亲切，不会直接发脾气。在情感上，媒介者顺其自然，有时候甚至为了维护他人的地位和形象，完全听从对方的意见。

如果让媒介者来判断他属于九型人格中的哪一种类型，那么他们会觉得自己既像这个，又像那个，他们到底是几号？其实，答案已经很明显了，他们就属于媒介者。

在媒介者的日常生活中，他生怕引起一点点冲突，周围朋友或者同事发生冲突时，他喜欢调解双方之间的矛盾，是典型的“和事佬”。如果他真能调停双方矛盾还好，可关键他们参与调停，不仅没有使问题得到解决，却使争吵的双方都憋了一肚子火气，结果双方将气都撒在了他身上。

作为“和事佬”，媒介者有“两怕”：一怕与人发生冲突，二怕分离。他最希望的就是任何事情永远也不要发生变化。如果媒介者处于顺境之中，那么他的内心便会平和而自律，幸福感油然而生。同时，他还是一个懂得爱护家人和朋友的老好人。

此时，任何人找他帮忙，他都不会拒绝。很多时候，他还会给自己划定一个“势力范围”，在这个势力范围之内的事情他肯定会管，不属于自己“领地”内的事情他是绝对不会插手的。

如果见到处于顺境中的媒介者故意挑衅别人，那将是极不正常的。一般而言，即便有第三者故意挑衅他，他也不会记仇，因此，媒介者一生基本上没有什么敌人。

与此不同的是，逆境中的媒介者可不像顺境中的媒介者一样好说话，如果别人叫逆境中的媒介者做事，他不会当面拒绝，但是他会采取另外一种方式来进行“间接拒绝”：这就是拖。尽管这种“拖”的策略很容易引起人的反感，但是有时候却还可以阴差阳错地起到正面的效果。

在逆境中，媒介者这种拖拉的做事风格，往往会使得他们在领导心中的形象大打折扣，因此，他们很难走上领导的岗位，甚至有失去工作的危险。处于逆境中的媒介者这种“消极抵抗”的处事方法也会经常使他们得罪上司和周围的同事、朋友，对以后的生活是极为不利的。

无为而治的媒介型领导

媒介型领导的工作作风

媒介型领导者的风格，一般都是老子所宣扬的“无为而治”的典范。跟着这样的领导者一起工作不会有太多的压力，也不会有太多的竞争，大家都会一团和气。但不好的一点是容易出现“大锅饭”局面。很多有斗志的人受不了这一点，这样的人在媒介者的团队里会过得比较郁闷。想改造媒介者，可能性很小。跟着媒介型上司，你最好学会随遇而安。

媒介型上司特别亲和，没有架子，员工经常直接去敲他的门。

媒介型上司最好的一点是愿意授权，跟着媒介型上司是最能够发挥个人特长的。媒介者上司可以花时间聆听你的叙述，与你讨论计划中的正反面，但他不会用自己的行动去帮助你。在他看来，时间能解决一切。媒介者是最善于建立团队的管理者，比如唐僧就是这样的领导者。像孙悟空那样有本事的3号，猪八戒那样的多面手7号，沙僧那样的忠诚者6号，都可以被他所领导，一团和气又不耽误正事。作为僧侣，唐僧一路上乐善好施，除暴安良，作为这个团队的领头人，他经常教诲大家，出家人要以慈悲为怀，而且他也这样做了。

媒介型领导的主要特点

具有媒介者性格的领导一般有如下特点：

1．在各种观点中难以抉择，花费大量时间来权衡，以至于错失了很多最佳时期。

2．目标总是过于宏伟，不够具体。

3．因为具体的目标可能与其他目标发生冲突，某个部门的需求很可能与其他部门不一致，因此他们倾向于全面了解，尽可能多地掌握信息，最后给每个人都分一块小蛋糕。

4．宏伟蓝图如果无法细化，下属各部门为了确保自身利益，很可能会产生激烈冲突。

5．冲突总是难堪的，他们宁可自己去查漏补缺，也不愿去为难员工或直面争斗。

6．媒介者的管理风格，对于那些具有主观能动性的员工很有效，不适合那些需要明确指示的员工。

7．对于新的方向，媒介者不感兴趣，只有熟悉的程序和已知的安排才能让他们充满能量。

一般来说，媒介型领导非常重视事情的过程。当问题发生的时候，很多人都会想尽办法试图逃避问题，但是媒介型领导则会对此制定出有效的解决方案，然后授权给下属完成，有时甚至还会鼓励曾经犯过错误的下属努力工作以有所贡献。

媒介者的职场处事诀窍

媒介者的职场特征

职场的媒介者，比较适应那些和谐的工作环境，而不适应剧变的环境。工作中，他们最大的愿望就是身边的同事、领导和谐相处，而当他们发现大家有矛盾时，会充当和解者的角色，这就是媒介者的典型特征。

媒介者在团队中也比较活跃，只要冲突最小化，他们就是天生的团队参与者。媒介者会向一个中立的、安全的观察者提供大量有用的信息。但他们行动缓慢，很难快速地去完成某种工作。他们在团队，需要简单地为自己选定一个立场、一种共识。

与媒介者共过事的人都比较了解，他们的执行力并不是很强，如果同时交给他们几项工作任务，他们是无法做到都圆满完成的。当然，这并不代表他们的工作能力差，而是因为他们的性格倾向是重点分散，他们对于同时被安排的任务分不清主次，不清楚如何着手。工作中媒介者的种种表现还是与其特质紧密相关的，深入了解他们的型号特质，工作中与他们的配合也会变得简单很多。

媒介者的职场进步

只要努力，媒介者也会有杰出的成就，比如媒介者型的唐僧。唐僧正是靠着他的媒介者性格，成了出色的领导者。作为学者，他非常坚持，不为美色所动，不为钱财所动，不惧怕死亡，一路上历经千难万险，终于取得真经。

媒介者给我们的启发是，世上无难事，只怕有心人。对于媒介者来说，只要目标清晰，他就会自律坚持，他不怕慢，认为慢也可以达到成功的彼岸。但媒介者要在职场上取得非凡成就，还需要克服一些性格上的弱点。

首先，要制定详细的目标。把自己的每一个计划都写下来，并把大的目标分解成可以在短时间内完成的小目标，以明确自己想要的结果。媒介者要清楚，并不是所有的意见都是建设性的，有一些意见并不可取，别让它们拖延了你的行动，只有行动起来，才有可能达至目标，心里想要拒绝的时候，就要勇敢地说出来。

媒介者要直截了当地说自己的心里话，不要拐弯抹角，不必斟酌最委婉的方式，可以的情况下要单刀直入。媒介者如果发现自己的话变得模棱两可，最好先停下来整理一下思路再继续，不要让别人对自己模糊的语言风格感到头疼。

另外，媒介者要记住，和谐、融洽固然重要，但有时冲突也是解决问题的一种方法。很多时候，在冲突中，创新性的观点可以产生，双方反而可以达成共识，找到双方都能接受的解决方案。

媒介者要果断，该决定的时候就立刻做决定。有的问题有时效性，确实能够随着时间的推移自动消失，但更多的问题，你不解决它，它就永远在那里。把一切交给时间，往往让一切变得更糟。

媒介者每天要给自己几分钟时间来审视一下自己的内心，问问自己，今天所做的一切都是自己内心的声音吗？都是自己的需求和愿望吗？千万不要让自己内心的声音淹没在别人的需求中。

容易深陷爱情的媒介者

媒介者的感情生活

爱对于媒介者而言，是至关重要的，有时候，爱就是他们生活的动力所在。如果没有爱，他们会说："那有什么用？如果是为我自己，仅仅是我自己，那生活毫无意义。"

当媒介者陷入爱河时，他们就会渴望完全融入到对方的生活中，把对方变成自己生活的动力。媒介者会顺从恋人的心愿，说对方想听的话，做对方想做的事。媒介者把恋人的兴趣爱好和需求看作他们自己的。他们的恋人成了他们做出选择的参照物。

这样的融合往往让媒介者一旦陷入就很难放手，因为分手就好像是要切掉自己身上的一块肉。也正因为如此，媒介者往往能够让两性关系维持多年，即便是已经没有了爱情，他们也会习惯性地去保持这段关系。媒介者很难摆脱过去的回忆开始新的恋情，尽管这样做并不明智。

把自己融入他人的生活也会有其消极的一面，那就是一旦出了什么状况，媒介者都会归咎于对方。他们既可能因为对方的愿望而受到鼓舞，也可能顽固地与对方作对。

媒介者为了满足爱人的需求，其投入程度往往更甚于对自身需求的满足。他们会将对方的愿望作为自己奋斗的动力。从积极的方面来看，这种本领能够让他们真正深入地了解另一个人。从消极的方面来看，他们很可能因此失去自我。

媒介者很重视旧恋情，在每次恋爱中，他们都很容易与人同化，与别人化为不可分割的一体。即使两人已经分手，媒介者会有一段很长的时间，仍然关心前任恋人的一切，似乎两个人并没有分开。

在他们那里，他们的高认同性，让别人很难和他们发生冲突。这也是他们所乐于看到的，因为他们也是千方百计地要避免冲突的出现，如果生活当中充满了冲突，那么媒介者的内心会无比焦躁，难以忍受。媒介者总是竭力去避免冲突的发生，他们会千方百计支持自己的伴侣，认同他们的想法和决定，陪自己的爱人去做他所喜欢的事情，如果意见有什么不合的地方，他们常常会采取言听计从的方法，不希望引起分歧，影响到恋人的心情。

他们自己常常无所谓，怎样都好，他们期待对方去做主，常常认为爱人喜欢的就是自己喜欢的，他们很少故意说一些甜言蜜语感动对方，也很少设计一些小惊喜让对方出乎意外，他们只希望平稳和快乐地生活着。

在媒介者的爱情生活中，只有当他们懂得拥有自己的意志，并且懂得说出自己的立场的时候，他们才能坚守自己的立场，他们的爱情才能真正走向正常化，才能真正地发展起来。所以，媒介者好好学习表明自己的立场吧，这样你的爱情之花才能真正绽放。

情感生活的提升

生活中，媒介者可能会产生各种各样的愤怒情绪，这种坏情绪如果长期积聚在心中，不但会影响双方关系，甚至会引起身心疾病。因而，媒介者要及时宣泄自己的愤怒情绪。

关于夫妻之间的争吵，普遍认为这是一件正常的事情，身处婚姻中的媒介者没有必要将生活中的吵架当作一件多么了不得的事情，甚至因此认为你们的婚姻出现危机，应以一颗平常心对待彼此之间的分歧和争吵。而且，从另外一个角度来说，吵架反而是夫妻之间沟通的很好的手段。因为媒介者本身都是一味认同对方，自己内心的需求无法满足，这样不满不自觉地就会产生，憋在心里只会让夫妻双方的感情处于冷战状态，可是对方却还不明白你在烦恼什么，这个时候，吵架就可以帮助你们沟通彼此的见解了。

和谐的婚姻，并不在于两个人志同道合，完全没有争吵，而在于争吵发生后，彼此知道如何处理与面对，这是婚姻生活中很重要的一门学问。夫妻之间争吵时应遵循以下三个原则：

一是争吵时先调整心情，再处理事情。夫妻吵架往往不在于是谁的对错，而在于双方的心情好坏。心情好，能把坏事看成好事；心情不好，能把好事看成坏事。一些夫妻往往把对方的优点、长处忽略不计，或看作理所当然，而单单斤斤计较对方的缺点、毛病，总是将这些看在眼里，烦在心里，挑剔、指责不断。夫妻间如果某一方长期被挑剔、否定、指责，一定会不快，导致心情沮丧，夫妻吵架就在所难免，而且会由小吵到大吵，由善意转变成恶意。

二是不要企图改变对方，而要先努力改变自己。夫妻两人虽在一起共同生活，但是二人的兴趣、爱好性格以及思维模式和行为习惯很少有完全相同的，所以，各自对待生活的态度、处理事情的思想和方法会有很多不同之处。恩爱夫妻都有着共同的特点，就是都能互相包容和顺应，而不能企图抹杀或改变，更不能企图把自己的兴趣、爱好、思维模式及行为习惯强加给对方。

三是夫妻争吵时不求胜利，只求沟通。夫妻吵架不必争谁输谁赢，只要在吵架中把自己心中的不满“吵”给对方就够了。有时大家说，吵架是一种强烈的沟通形式，因为通过吵架，即使对方没有完全接受你的观点、想法或意见，也已起到了交流感受、想法、意见的作用。

尽管吵架是一种被动的沟通，但是，它比夫妻间有气发不出来，闷在心里好得多。夫妻吵架不求胜利，只求沟通的另一个方面是“不讲道理”是真道理。因为夫妻吵架，很少由原则问题引起，不必较真。如果凡事都较真，非要争出个谁对谁错的道理来，那么“较真”本身就已经错了。媒介者如果能够熟练学会吵架的技巧，用于沟通，那么对他和爱人的关系只有好处，没有坏处，所以，好好学习用吵架的形式来沟通吧。

媒介者的和谐相处策略

媒介者的为人处世

媒介型人格的人是很容易相处的，因为他们本身就喜欢与人交往，并且为别人做事要比为自己做事尽心尽力。他们的随和、友善更为我们与之相处打下了良好的基础。在与人打交道的过程中，媒介者总是希望去调停，去维持和平的环境。因此，健康状态下的媒介者其人际关系多半都很好。他们是很好的支持者，他们支持别人，并不是希望通过自己的支持让事情朝着有利于自己的方向发展，而是为了所有人都能处于一个健康、和谐的环境中。

他们总是那么贴心，能够倾听他人的观点，无须让自己控制他人，就能理解他人。更重要的是，他们能够感受到他人生活中真正重要的东西。这主要是因为他们会习惯性地把自己的立场与他人的愿望相融合。这是媒介者人格独有的能力。他们总是能够为他人找到开启幸福美满生活的金钥匙。

“我认为大家都很喜欢我，因为我总是能知道他们在想什么，知道他们需要什么。在他们需要倾诉的时候，我能充当很好的倾听者，并给出很好的建议，在他们需要帮助的时候也会毫不犹豫地伸出援手。”当然，这并不意味着他们喜欢与人打交道，相反，他们更喜欢一个人待在家里看肥皂剧、上网或者做美食，他们这样做的目的是为了遮掩自己真正的需要。如果你要他们放弃这些做法，他们会采取强烈的保护措施。

对于媒介者而言，让他们放弃某种爱吃的东西，或者放弃看电视的习惯，就意味着放弃了一种可以预见的舒适生活，而这种生活方式能让他们把自己的日子过得轻松愉快。

在面临选择的时候，他们常常会受到周围朋友的影响。他们常常左右为难，对头绪繁多的计划不知道如何去安排。只要有人对此拿出了主意，他们立即就会响应。然而，只要有一个朋友出来阻止或者有其他需要，他们又会改变主意。

总之，在人际关系中，媒介者性格的人给人的感觉一般比较随意，没有太多的豪言壮志，也没有太强的功利心和欲望。他们只是平静地过着自己的生活，随遇而安，平静自在。但是，他们的随和、友善、助人为乐总能给人留下深刻的印象。

与媒介者交往的方法

如果我们想与媒介型的人交朋友，或者只是想和他们和平相处，按如下方法去做就可以了：

1. 他们很难有确切的完全属于自己的立场，很容易随着别人的观点而动，所以在参加一个会议之后，或者听完一个报告之后，如果你想了解他们对会议本身或领导讲话内容的看法，就必须马上向他们询问，否则，当他们听到了别人的观点后，很可能会改变自己的真实观点，把原本的观点忘掉。

2. 他们希望别人重视自己的意见，所以当他们发表自己的见解时，你要做出一种很关注的样子，并让他们感觉到，你已经听到了他们所表述的重点部分，必要时，用点头示意或补充发言来肯定他们的观点。

3. 他们无论思考问题还是做事情，精力都非常分散，如果你想知道他们的观点或希望他们把手中的事情做好，可以用发问的方法帮他们集中精力，让他们专注地思考一个问题或做好一件事情。

4. 他们总是习惯性地迎合别人，且不分私下和公众场合，他们的迎合有时显得特别突出，像个“应声虫”，如果他们在迎合别人，你千万不要嫉妒。假如他们迎合你，你就要问他们此时想的是什么，有哪些地方和你的不一致。

5. 当你需要了解他们的真实想法和感觉时，不可能立即得到答案，必须耐着性子，创造一个合适的环境，让他们慢慢地考虑。

6. 要主动接近他们，承认他们。这样，他们那种怕被团体排除在外的恐惧心理才会消失，同时也会向你表示他们的友谊。

性格随遇而安的媒介者

媒介者的性格局限

媒介者的性格也有不少缺点，这些缺点限制了媒介者的发展，媒介者如果想要突破自我，就必须充分关注这些局限点。

1. 缺乏积极主动精神。媒介者有听天由命的思想，他们不太相信自己能够改变什么，他们不能做到积极主动，相反却有些不思进取，所以，难以成就事业。

2. 自我迷失。媒介者常常关注周围的和谐，他们能很清楚地了解他人的内心和需要，但是对自己的内心，由于长期压抑，他们反而看不清，容易陷入自我迷失。

3. 缺少自我规划能力。媒介者常常不能辨明自己的目标，不分主次，陷在日常的琐事中间，而且对时间常常不能科学安排，自我规划能力的缺乏让他们难以获得成功。

4. 志大才疏。媒介者常常怀有高远的理想，有安邦定国的幻想，但是目标常常流于宏大，不具体，不能够落实，而且现实中由于害怕冲突，常常缺乏勇气开展自己的理想，常留下志大才疏的遗憾。

5. 优柔寡断。媒介者考虑问题喜欢瞻前顾后，考虑的因素太多，害怕影响周围和谐，所以做决定时常常有些优柔寡断。

6. 害怕冲突，自我牺牲。媒介者喜欢平和的日子，他们很害怕冲突，为了避免或消除冲突，常常会牺牲自己的利益，来换得和平。

7. 喜欢逃避问题。媒介者面对压力和不能解决的问题，常常会像鸵鸟一样，把头扎进沙堆里，希望危险自动消失，而不去采取行动。

8. 自我麻醉。媒介者为了维护和谐，常常牺牲自己的愿望，他们不会直接面对问题，常用一些爱好或者机械行为麻痹自己，有自我麻醉的倾向。

媒介者改善性格的方法

如果你是九种类型中的媒介者，请勇敢地告诉自己："我的感受才是最重要的！"媒介者是很善良的一类人，他们性格懦弱，有时候自己都觉得活得窝囊。但是只要媒介者能够突破性格的局限，告诉自己要为自己而活，那么媒介者将会是受欢迎又值得珍惜的一类人。

媒介者最大的性格缺陷在于自卑，自卑让他们活得没有尊严，让他们的生活完全围绕别人的感觉来进行。其实媒介者应该明白，没有人是天生的重要人物，也没有谁就应该受到重视，媒介者只是比别人晚受到重视而已，媒介者应该做的是放开胸怀，放开过去，充分认识自己的价值和地位，给自己尊重和信心。

不要因为曾经被忽视就否定自己一生的价值，人的价值不是某个人、某个阶段所能决定的，我们应该努力去发现自我，找到自我生存的意义，而不是为得到别人的认可而活。真实的自己才是最可爱的你，媒介者只有对自己有信心，才会生活得更好，更精彩。